Decoding the front

COMMUNICATIE – COMMUNICATION
1914-1918

Karen Derycke

UITGEGEVEN IN 2015 DOOR HET | PUBLISHED IN 2015 BY THE

Memorial Museum Passchendaele 1917
Berten Pilstraat 5A, BE – 8980 Zonnebeke
www.passchendaele.be

TEKST | TEXT

Karen Derycke (Memorial Museum Passchendaele 1917)

BEGELEIDING VERTALING | TRANSLATION FACILITATOR

Debby Bristow & Marc Olivier

AFBEELDINGEN | IMAGES

Lee Ingelbrecht (Memorial Museum Passchendaele 1917)

TENTOONSTELLING | EXHIBITION

Evy Van de Voorde & Kristof Blieck (Memorial Museum Passchendaele 1917)

LAY-OUT EN DRUK | LAY-OUT AND PRINTING

www.vandenbroele.be

ISBN 9789082252118

Inhoud - Contents

Inleiding: het belang van communicatie

Met het jaarthema 'Children of the Empire', is het Memorial Museum Passchendaele 1917 dit jaar aanbeland bij het tweede jaarthema van de 100-jarige herdenking van de Eerste Wereldoorlog. Waar we in 2014 de focus vooral legden op de rol van het Britse leger in Vlaanderen aan het begin van de oorlog, willen we ons dit jaar richten op de voormalige Dominions van het Verenigd Koninkrijk, die vanaf 1915 in de oorlog belandden. Honderd jaar nadat Canada, Nieuw-Zeeland en Australië in de oorlog stapten, willen we met een uniek herdenkingsproject de vele soldaten herdenken die vanuit de andere kant van de wereld als wezenlijk onderdeel van het Britse rijk, hun moederland, streden. Het thema, 'Children of the Empire' verwijst ook naar de naar schatting 130.000 kinderen die tussen 1860 en 1930 gedwongen vanaf de Britse eilanden naar de 'dominions' gestuurd werden. Het ging daarbij niet alleen om wezen, maar ook om kinderen die aan arme gezinnen onttrokken werden om de kolonies te bevolken. Veel van hen namen vrijwillig dienst om iets van hun Britse roots terug te vinden. Aan het front zelf groeide echter hun eigen natiebesef, wat gesterkt werd doordat ze vanaf 1917 als natie op het slagveld werden ingezet. Voor de Canadezen gebeurde dat voor het eerst bij Vimy, voor de Australiërs en Nieuw-Zeelanders bij Passendale. De prijs die de 'dominions' betaalden voor hun deelname aan de Eerste Wereldoorlog was echter bijzonder groot. Maar door zich op het slagveld te onderscheiden, kon hen geen koloniale status meer opgelegd worden en zou de loop van hun geschiedenis voorgoed veranderen.

De intrede van de Dominions en de kolonies in de oorlog zorgde voor een mengelmoes van talen en culturen. Communicatie werd hierdoor een internationaal begrip. Met de tentoonstelling 'Decoding the Front', willen

Introduction: the importance of communication

With this year's theme of 'Children of the Empire', the Memorial Museum Passchendaele 1917 presents the second aspect of the centenary of World War One. Whereas in 2014 the focus was mainly on the role of the British Army in Flanders at the outbreak of the war, we should now like to concentrate on the former Dominions of the United Kingdom, which were involved in the conflict from 1915. A hundred years after Canada, New Zealand and Australia entered the war, we want this unique remembrance project to commemorate the many sol-diers from the other side of the world who fought as an integral part of the British Empire for the mother country. The theme 'Children of the Empire' also refers to the estimated 130,000 children who, between 1860 and 1930, were forcibly sent to the Dominions from the British Isles. They were not only orphans, but also children who were taken away from poor families to populate the colonies. Many of those volunteered to regain something of their British roots. At the Front, however, awareness of their own nation was growing, which happened all the more when, as from 1917, they were sent into battle as a nation. For the Canadians, this was at Vimy; for the Australians and New Zealanders, at Passchendaele. The price that was paid by the Dominions for their participation in the First World War was enormous, but by distin-guishing themselves on the battlefield, they could no longer be subjected to that colonial status, and the course of history would be changed forever.

The entry of the Dominions and the colonies into the war produced a mixture of languages and cultures and communication thus became an international concept. With the 'Decoding the Front' exhibition, we want to draw attention to the wide range of possibilities that the word 'Communication' covers. Around the turn of

1   Een hondengeleider van de Royal Engineers leest een bericht van zijn pas binnengekomen koerierhond. – A dog handler of the
    Royal Engineers reading a message that was just brought in by his messenger dog. (Imperial War Museum, Q 10960)

we aandacht hebben voor de ruime lading die het woord 'Communicatie' dekt. Rond de eeuwwisseling was communicatie nog geen precair punt, maar de Eerste Wereldoorlog en de technologische vooruitgang, bracht daar snel verandering in. Door de inzet van jonge mannen aan de andere kant van de wereld, beperkte de leefwereld van de bevolking zich niet langer tot stad of dorp. Nooit eerder was het venster op de wereld zo uitgebreid, mede dankzij het feit dat foto en film aan een snelle opmars bezig waren. De Eerste Wereldoorlog was de eerste uitgebreide fotografisch gedocumenteerde oorlog in de wereldgeschiedenis. Het thuisfront leek zo een idee te hebben van wat er zich aan het front afspeelde, al was deze berichtgeving vaak gekleurd. Ook briefwisseling en postkaarten waren een dankbaar instrument om het thuisfront in contact te brengen met de troepen. Helaas was een brief ook vaak de manier om de familie op de hoogte te brengen dat hun zoon of broer gesneuveld was.

the century, modern means of communication were not well-developed but the First World War and technological progress soon changed this. By deploying young men on the other side of the world, the conscious environment of the population was no longer restricted to the town or village. Never before had the window to the world been so wide open. Thanks to the rapid advances in the use of photography and film, World War One was the first war in global history to be photographically documented so extensively. As a result, those at home were able to get an idea of what was happening at the Front, even if that sort of information was often biased. Letters and postcards were the most effective means of establishing contact between the Home Front and the fighting troops. Sadly, a letter was also the most common way of informing the family that a son or brother had been killed.

De technologische vooruitgang van de 20^e eeuw zorgde ook voor een evolutie in communicatiemiddelen aan het front zelf. De ontwikkeling van radio, telefonie, telegrafie, luchtfotografie, coderingen en afluisterapparatuur kende een ongeziene vooruitgang. Toch moesten de legerleidingen ook vaak teruggrijpen naar primitieve communicatiemiddelen, omdat bijvoorbeeld telefoondraden werden vernietigd door bombardementen. Dieren als postduiven, paarden en honden waren hierdoor nog steeds onmisbaar in het uitgebreide communicatie-netwerk. De communicatie tijdens de Eerste Wereldoorlog vormde vaak een vreemde contradictie tussen primitieve en technologische middelen.

Het feit dat de Eerste Wereldoorlog een totale oorlog was, betekende ook dat iedereen aan dezelfde kant moest staan. De publieke opinie, maar vooral de vorming hiervan door propaganda, kranten, journaals, foto's en film was dan ook heel belangrijk. Niet artillerie, maar het moreel was het belangrijkste wapen van de oorlog. Aan beide zijden was het belangrijk overwinningen in de verf te zetten of de vijand als onmenselijk voor te stellen. Zware verliescijfers of foto's van gesneuvelde soldaten werden dan weer bewust vermeden in de berichtgeving van het front[1].

Deze tentoonstelling, die loopt van 25 april tot en met 15 november 2015, geeft aan de hand van sprekende teksten en unieke objecten een beeld van communicatie ten tijde van de Eerste Wereldoorlog.

Steven Vandenbussche
Conservator Memorial Museum Passchendaele 1917

The technological progress of the twentieth century also caused an revolution in communica-tion methods at the Front. Radio, telephone, telegraph, aerial photography, code and moni-toring equipment developed faster than ever before. Despite this, army leaders often had to rely on more primitive means of communication, as telephone wires were often destroyed by shelling, for instance. Animals such as homing pigeons, horses and dogs were thus still in-dispensable in the vast communication network; communication in the First World War was often a strange contradiction between primitive and modern technologies.

World War One being a total war also meant that everybody had to be on the same side. Shaping public opinion through propaganda, newspapers, journals, photos and film was vital and morale was considered an even more important weapon than artillery. Both sides con-sidered it crucial to stress victories, or to expose the enemy as inhuman. Heavy losses or photos of the corpses of soldiers were deliberately withheld from information about the Front .

This exhibition, which runs from 25 April to 15 November 2015, shows communication in World War One by means of explanatory texts and unique objects.

Steven Vandenbussche
Curator Memorial Museum Passchendaele 1917

Was England will!

Propaganda en de propagandaposter
Propaganda and the propagandaposter

2   "Wat Engeland wil!", een Duitse propagandaposter uit 1918. - "What England wants!", a German propaganda poster from 1918. (Library of Congress, LC-USZC4-12309)

3   "De Keizer en het volk danken het leger en de vloot", een voorbeeld van witte propaganda, 1916. - "The Emperor and the people gratitute the Army and Navy", an example of white propaganda, 1916. (Library of Congress, LC-USZC4-11533)

4   Een Amerikaanse poster toont 'the rape of Belgium', een vorm van zwarte propaganda, ca. 1918. - An American poster shows 'the rape of Belgium', an example of black propaganda, ca. 1918. (Library of Congress, LC-USZC4-4441)

5   Aansteker met humoristische voorstelling van de Duitse kroonprins Wilhelm van Pruisen. - Lighter showing a cartoon of the German crown prince Wilhelm of Prussia. (MMP1917)

Als er iets is waarover alle strijdende partijen het eens zijn, is het over het nut en belang van propaganda. Tijdens de Eerste Wereldoorlog groeit dit thema dan ook uit tot een geducht oorlogswapen. Propaganda is nuttig om het eigen gelijk te bewijzen en de bevolking hiervan te overtuigen, efficiënt om het thuisfront te mobiliseren en te motiveren en geschikt om een nederlaag te verbloemen of een overwinning te claimen[2]. De publieke opinie is en blijft heel belangrijk[3].

Propaganda bestaat uit zowel witte als zwarte propaganda. In witte of positieve propaganda wordt, via sprekende beelden en symboliek, het patriottisme aangewakkerd. Zwarte of negatieve propaganda moet ideeën, informatie en geruchten verspreiden die het imago van de vijand kunnen schaden. Neutrale landen zoals de Verenigde Staten worden het meest door zwarte propaganda overspoeld, om ze alsnog aan een bepaalde kant te scharen. De eerste gebeurtenis die hiervoor wordt aangegrepen, is de Duitse inval in België, ook wel 'the rape of Belgium' genoemd[4].

If there is one thing that all warring factions agree on, it is the use and importance of propaganda. During the First World War, this aspect developed into a formidable weapon. Then as now, propaganda was used to prove that one is right; to persuade people of that, it is vital to convince and motivate the Home Front while glossing over a defeat or claiming a victory[2]. Public opinion was and remains most important[3].

Propaganda can be either white, or black. In white (or positive) propaganda, patriotism is stirred up using images and symbolism. Black (or negative) propaganda has to spread ideas, information and rumours intended to harm the enemy's image. Neutral countries, such as as the United States, were flooded with mainly black propaganda in an attempt to influence them to take sides. The first event that was used for this purpose was the German invasion of Belgium, also known as The Rape of Belgium[4].

6   Deze Canadese poster moedigt de rekrutering aan door belangrijke slagen aan te halen, 1916. - This Canadian poster encourages recruitment by highlighting important battles, 1916. (Canadian War Museum, CWM 19750046-010)

7   De nood aan munitie, geld en vooral mannen wordt hier rechtuit gepropageerd. - The Empire's need of munition, money and especially men is propagated directly in this poster. (Canadian War Museum, CWM 19900076-799).

8   "Je vaderland is in gevaar, meld je aan!", ca. 1918. - "Your fatherland is in danger, register!", ca. 1918. (Library of Congress, LC-USZC4-13223)

In het pre-radio en TV-tijdperk, is de poster het meest gebruikte medium om informatie over te brengen aan het grote publiek. De Eerste Wereldoorlog kan zelfs gezien worden als de eerste 'propagandaoorlog' die op grote schaal gebruik maakt van geïllustreerde posters in kleur[5]. Daarnaast worden onder andere verhalen, pamfletten, foto's, tekeningen, poëzie, schilderijen en cartoons gebruikt. Het is een belangrijke tijd voor elke kunstenaar of intellectueel. Zij hebben de taak om de gevoelens van de massa op te zwepen. Elk talent, jong en oud, uit om het even welke discipline wordt ingeschakeld[6].

Rekuteringsposters

Het is geen toeval dat de meeste rekruteringsposters uit Groot-Brittannië komen. In augustus 1914 beschikt Groot-Brittannië over een klein beroepsleger van 160.000 militairen[7]. Frankrijk beschikt in die periode over een leger van 1.300.000 dienstplichtigen, koloniale troepen inbegrepen. In Duitsland zijn er bijna 1.750.000 militairen, met nog eens eenzelfde aantal reservisten. In tegenstelling tot Frankrijk en Duitsland met hun

In the era before radio and TV, the poster was the most common means of informing the public. The First World War can be considered the first 'propaganda war', in which illustrated colour posters were used on a large scale[5]. Other means included stories, pamphlets, photos, drawings, poetry, paintings and cartoons. It was an important time for every artist or intellectual, tasked with stirring up the feelings of the masses; every talent, young and old, from whatever discipline, was called on to help their country's effort[6].

Recruiting posters

It is no coincidence that most recruiting posters were produced in Great Britain. In August 1914, the country had a small professional army of 160,000 military personnel,[7] whereas France had an army of 1,300,000 conscripts, including colonial troops and in Germany there were almost 1,750,000 soldiers, with an equal number of reservists. In contrast to France and Germany, with their mobilization armies, the British had no conscripts[8]. So the wheels of the propaganda machines

9 Affiche met oproep aan de bevolking om beukennoten te
verzamelen in functie van de olieproductie tijdens WOI. -
A poster calling civilians to collect beech nuts for oil
production during WWI. (MMP1917)"

mobilisatieleger zijn de Britten aanvankelijk niet dienst-plichtig[8]. De propagandamolen draait bijgevolg op volle toeren en de rekruteringsposters werken vaak op het schuldgevoel van mannen die (nog) niet dienen. Met een grootscheepse campagne weet Kitchener, onmiddellijk na zijn benoeming als oorlogsminister in Groot-Brittannië, tegen januari 1915 één miljoen vrijwilligers te overtuigen[9].

Oorlogsleningen

Via posters wordt daarnaast ook opgeroepen om oorlogs-leningen te financieren. Duitsland heeft een sterke economie maar is vooral afhankelijk van export. Wanneer de economie begint te talmen, wordt met *Kriegsanleihe* een beroep gedaan op de bevolking. In Groot-Brittannië blijft de economie behoorlijk draaien, maar wordt er na verloop van tijd via *War bonds* ook geld geleend bij het thuisfront. Ook Frankrijk schrijft *Emprunts* uit aangezien een groot deel van de staal- en steenkoolvoorraad zich in bezet gebied bevindt en de economie onder andere hierdoor begint af te nemen. In vergelijking met deze drie landen, die problemen krijgen met de terugbetaling

had to turn at full speed and recruiting posters were often aimed at pricking the consciences of men who were not yet serving. Shortly after his appointment as the British Minister of War, Kitchener managed – in an all-out campaign – to convince one million volunteers to sign up by January 1915[9].

War loans

In addition to recruitment, posters were also used to call on people to finance war loans. Germany had a strong economy, but was particularly dependent on exports, so when the economy started dwindling, an appeal was made to the people to buy *Kriegsanleihe (War Bonds)*. In Great Britain, the economy was doing well, but even-tually money was also loaned from the people on the Home Front through their own War Bonds. France, too, issued Emprunts, because a large sector of the steel and coal supply had fallen into enemy hands and thus the economy began to shrink. In comparison with these three countries, which subsequently had difficulty paying back the loans after the war, the United States was the most

van de interesten, zijn de Verenigde Staten ten slotte het meest succesvol in het financieren van hun oorlogs-inspanningen. Opmerkelijk is wel dat de *Liberty bonds* er vooral gefinancierd worden door financiële instellingen en bedrijven, maar ook in Groot-Brittannië, Duitsland en Frankrijk zijn dit vaak de hoofdsponsors[10].

successful at financing its war efforts. It is worth noting, though, that the American Liberty Bonds were mainly financed by banks and businesses, but in Great Britain, Germany and France they too were often the major contributors[10].

10-12 Voorbeelden van een Duitse (1917), Franse en Canadese (1918) poster die oproept tot het financieren van oorlogsleningen. - Examples of a German (1917), French and Canadian (1918) poster calling to subscribe for war bonds. (Library of Congress, LC-USZC4-11292, LC-DIG-ppmsca-12517; Canadian War Museum, CWM 19850475-013)

13 Ook aan het front wordt men opgeroepen om oorlogsleningen aan te gaan. –
The purchase of war bonds is encouraged at the front as well. (Canadian War Museum, CWM 19930013-616)

'Your country needs you'

Van de 5,7 miljoen officiële posters die tussen 1914 en 1918 in Groot-Brittannië worden gemaakt, zijn er slechts 10.000 met het thema *'Your country needs you'*. Oorspronkelijk wordt de afbeelding enkel gebruikt als cover van *the London Opinion magazine* van 5 september 1914. Later worden er enkele affiches van gemaakt waarbij *'Your country needs you'* soms vervangen wordt door *'Wants you'*. Toch blijft deze poster tot op vandaag het meest geassocieerd met de Eerste Wereldoorlog[11].

Of the 5.7 million official posters that were produced in Great Britain between 1914 and 1918, there were only 10,000 with the theme of *'Your country needs you'*. The picture first appeared on the cover of the London Opinion magazine of 5 September 1914. Later, posters were made on which 'Your country needs you' was sometimes replaced by 'Wants you'. This poster continues to be the most strongly associated with the First World War[11].

14 Ondanks de beperkte oplage wordt deze poster met de afbeelding van Kitchener na de oorlog zeer bekend. - Despite of a low number of examples, this poster showing Kitchener would become very popular after the war.

ORTSKOMMANDANTUR KORTRIK.
Polizei- u. Strafabteilung. Den 9. März 1918.

Bekanntmachung

Von Sonntag den 10. ds. Monats ab bis auf weiteres haben sämmtliche Einwohner von 6 Uhr abends bis 6 Uhr morgens in ihren Häusern zu bleiben. Sämmtliche Geschäftsbetriebe (Läden, Büros, Arbeitsstätten, Estaminets) sind zwischen 6 Uhr abends und 6 Uhr morgens geschlossen zu halten. Zuwiderhandlungen werden mit Geldstrafe bis zu tauzend Mark und mit Freiheitsstrafe bis zu 6 Wochen, oder mit einer dieser Strafen bestraft, soweit nicht nacheiner anderen gesetzlichen Bestimmung eine härtere Strafe verwirkt ist. Ausserdem kann Einstellung in ein Strafarbeiterbataillon erfolgen.

Der Ortskommandant,
FRHR. VON RICHTHOFEN
Major.

ORTSKOMMANDANTUUR KORTRIJK.
Politie- en Strafafdeeling. Den 9 Maart 1918.

Bekendmaking

Van Zondag den 10. dezer maand af tot verdere orders, hebben alle inwoners van 6 ure 's avonds tot 6 ure 's morgens in hunne huizen te blijven. Alle handelshuizen (winkels, bureelen, werkplaatsen, estaminets) zijn tusschen 6 ure 's avonds en 6 ure 's morgens gesloten te houden. Overtredingen worden met geldboet tot duizend Mark en met gevang tot 6 weken of met eene van deze straffen bestraft, voor zooveel volgens eene andere wettelijke beslissing geene hardere straffe vastgesteld is. Buitendien kan inbrenging in een strafarbeiderbataillon geschieden.

De Ortskommandant,
FRHR VON RICHTHOFEN
Major.

15 Een bevel om te Kortrijk tussen 18u en 6u binnen te blijven, 1918. -
An order to stay inside between 6 p.m. and 6 a.m. in Courtrai, 1918.
(Archief Franky Bostyn)

Bekendmaking!

Proclamation!

N° 6

STAD BRUGGE.

BERICHT

Op bevel der duitsche Overheid, moeten alle belanghebbenden, tegen **8 FEBRUARI 1917**, **in het bureel van den Landbouw,** ten Stadhuize, 1ᵉ verdiep, de opgaaf doen van alle voorhanden zijnde :

I. Paarden:
- *a)* zware arbeidspaarden boven de drie jaar (daarin zijn de kweekmerriën begrepen) ;
- *b)* lichte arbeidspaarden ;
- *c)* ponneys ;

II. Muilezels en ezels.

III. Wagens :
- *a)* tweewielige rijtuigen ;
- *b)* vierwielige rijtuigen ;
- *c)* tweewielige handelsrijtuigen (op ressorts) ;
- *d)* vierwielige handelsrijtuigen (op ressorts).

IV. Lastwagens.
- *a)* tweewielige lastwagens (hoeveel hiervan voor landbouwdoelen volstrekt noodig zijn)
- *b)* driewielige lastwagens (hoeveel hiervan voor landbouwdoelen volstrekt noodig zijn)
- *c)* vierwielige lastwagens (hoeveel hiervan voor landbouwdoelen volstrekt noodig zijn)

Er moet insgelijks aangegeven worden, indien de wagens voor bijzondere doeleinden kunnen gebezigd worden, bijv. voor het vervoeren van langhout.

N. B. Voor het landelijk gedeelte (St Pieters & Coolkerke) zullen de inlichtingen ter plaats opgenomen worden.

Burgemeester en Schepenen,
Baron E. van CALOEN.

Brugge, den 2 Februari 1917.

Brugge, drukkerij G. Barbiaux-De Gheselle, Waalschestraat, 22.

16 Bericht om in Brugge tegen 8 februari 1917 alle wagens en lastdieren op te geven. -
A notice in Bruges ordering the declaration of all load carriage and pack animals by 8 February 1917.
(Provinciale Bibliotheek Tolhuis, AFF000797)

Bekanntmachung

betreffend Beschlagnahme und Bestandserhebung von Schellack und Klebegummi.

Sämtliche Vorräte an Schellack, Gummi accroïdes, Gummi Traganth, Gummi arabicum, Kordofangummi und Kopal werden hiermit beschlagnahmt.

Wer Vorräte obengenannter Art in Gewahrsam hat, ist verpflichtet die vorhandenen Bestände getrennt nach Art und Menge bis zum 1 März 17 der Kommandantur anzuzeigen.

Nichtanmeldungen sowie falsche Anmeldungen ziehen strengste Bestrafung nach sich.

Knocke den 22. Februar 1917

JAHNCKE
Kapitänleutnant u. Ortskommandant.

BERICHT

aangaande inbeslagneming en bestandopneming van gomlak en kleefgommen.

Alle voorraden aan gomlak, accroïdes gum, traganthgum, arabische gum, Kordofangom en kopal worden hiermede in beslag genomen.

Wie voorraden van bovengenoemde soort in bezit heeft is verplicht de voorhanden hoeveelheden gescheiden volgens soort en meigte tot den (1 Maart 17 aan de Kommandantur te melden.

Nietaanmeldingen, alsook valsche aanmeldingen trekken strengste bestraffing na zich.

Knocke, den 22 Februari 1917.

JAHNCKE
Kapitänleutnant u. Ortskommandant.

17 Kennisgeving van de inbeslagname van gomlak en kleefgommen, 1917. -
Notification about the confiscation of lac and gum, 1917.
(Provinciale Archiefdienst West-Vlaanderen, BE PAWV A_A_3272)

Eind 1914 is bezet België in drie zones verdeeld. Deze indeling blijft gedurende de hele oorlog zo goed als behouden. Het Gouvernement-Generaal of 'Okkupations-gebiet', met onder andere Brussel, beslaat het grootste deel van België. Het uiterste Westen, met de kuststeden, wordt het 'Operationsgebiet' genoemd. Het Vierde Leger controleert ten slotte het 'Etappengebiet', dat bestaat uit het grootste deel van Oost- en West-Vlaanderen en het oosten van Henegouwen[12].

Het burgerlijk bestuur, 'Zivilverwaltung', neemt de meeste taken van de Belgische ministeries over. Maar ook het militair bestuur, 'Militärverwaltung', volgt in grote lijnen de bestaande situatie. Aan het hoofd van elke provincie staat een militaire gouverneur, daaronder een soort arrondissementscommissaris en op stedelijk vlak zwaait de 'Kommandantur' de plak. In theorie staan de twee systemen op gelijke voet, maar in de praktijk heeft het militaire bestuur het hoogste woord. De enige Belgische instanties die nog intact blijven zijn de schepencolleges en de gemeentelijke administratis. België glijdt al gauw af van een vrij en liberaal land naar een ware politiestaat

By the end of 1914, occupied Belgium had been divided into three zones which were maintained throughout war. The Government-General or 'Okkupationsgebiet', including Brussels, covered the greater part of Belgium. The far West, with the coastal towns, was called the 'Operationsgebiet' (Operations Zone) and the Fourth Army controlled the 'Etappengebiet' (Communications Zone), which consisted of the greater part of East and West Flanders and East Hainault[12].

The civilian government , 'Zivilverwaltung', took over the running of the Belgian ministries and the military government, 'Militärverwaltung', generally adopted the existing situation. A military governor controlled each province, with a District Commissioner under his authority; in the towns, the 'Kommandantur' ruled. Theoretically, both systems were on an equal footing, but in practice, the military government dominated. The only Belgian authorities that were left intact were the councils of aldermen and the municipal administrations. Belgium quickly changed from a free and liberal country into a police state with restricted freedom of movement. The

met beperkte bewegingsvrijheid. Het land wordt een Duits wingewest waar volkomen willekeur heerst[13].

Vier jaar lang wordt de Belgische bevolking overspoeld door een onophoudelijke stroom aanplakbrieven met verordeningen, boetes, mededelingen en verboden. Via 'Gesetz- und Verordnungsblätter' wordt de bevolking op de hoogte gesteld van alle Duitse verordeningen en later ook van alle bekendmakingen die normaal gezien in het Belgisch Staatsblad, Moniteur of gelijkaardige bladen verschijnen. De verordeningen die belangrijk zijn voor de gehele bevolking worden nogmaals in de gemeenten aangeplakt. In kleine plattelandsgemeenten gebeurt het bekendmaken soms nog door de veldwachter. De wetten en verordeningen die de Gouverneur-Generaal uitvaardigt, worden in het Duits uitgegeven. Voor de bevolking wordt een vertaling in de andere landstalen voorzien; in Wallonië in het Frans en in Vlaanderen in het Nederlands[14]. Het officieel gebruik van het Nederlands past in de 'Flamenpolitik' van de Duitsers. Via dit soort toegevingen, hopen ze de Vlamingen aan hun kant te scharen[15].

In de straten verschijnen dagelijks nieuwe aanplakbrieven met verordeningen en berichten over de triomfen van de bezetter. Het straatbeeld wordt overheerst door opschriften in het Duits. De zaken die op de verordeningen te zien zijn, handelen onder andere over opeisingen (van vee tot zelfs koperen potten en pannen toe), inkwartieringen van Duitse militairen, controles, huiszoekingen en bijkomende belastingen. Al in de eerste weken na de inval worden alle paarden, karren, koetsen en auto's opgevorderd. In december 1914 verdwijnen alle fietsen uit het straatbeeld. Na enkele maanden wordt deze maatregel terug ingetrokken, maar eist men wel het rubber van de banden op. Brabantse boerenpaarden worden op paardenmarkten in Duitsland voor veel geld verkocht[16]. Gaandeweg worden de verordeningen opgevoerd en zo ongeveer alles wordt in beslag genomen, leer, tin, koper, wol, trekossen et cetera. Vanaf de herfst van 1916 zijn zelfs de Belgische huizen niet langer veilig voor inspectie en opeising. Kandelaars, deurlinken, kroonluchters, koperen pannen, waterkranen, kussens, en matrassen verdwijnen systematisch richting Heer. Niet zelden vorderen officiëren en soldaten voor hun eigen

country became a German colony, subject to the arbitrary regulations of the various authorities[13].

For four years, the people of Belgium were inundated with an unending flood of notices about new regulations, penalties, and prohibitions and other announcements. By means of 'Gesetz- und Verordnungsblätter' (Law and Order Decrees), the population was kept informed of all German orders and later, all announcements which normally appeared in the Belgian newspapers Staatsblad, Moniteur or similar publications. The orders that applied to the whole population were posted in the towns and in small villages, announcements were sometimes made by the local constable. The laws and orders issued by the Governor-General were in German. For the population, a translation was provided; French in Wallonia and Dutch in Flanders[14]. The official use of Dutch was part of the 'Flamenpolitik' (Flemish Policy) of the Germans, an attempt to get the Flemish people on their side[15].

Every day, proclamations of new regulations and announcements about the triumphs of the occupiers appeared in the streets, dominated by notices in German. These covered such subjects as, among other things, demands for everything from cattle to brass pots and pans, billeting German military personnel, controls, house searches and extra taxes. In the first few weeks after the invasion, all horses, carts, coaches and cars had been commandeered; by December 1914, all bicycles had disappeared from the streets. After a couple of months, this measure was withdrawn, but the rubber for the tyres was still demanded for the German war effort. Belgian farm horses fetched large sums on the horse markets in Germany[16]. Gradually the demands were increased and just about everything was claimed: leather, tin, brass, wool, draft oxen, etc. By the autumn of 1916, even the contents of Belgian houses were no longer safe from inspection and confiscation; candlesticks, door handles, chandeliers, brassware, taps, cushions and mattresses systematically disappeared into das Heer (the German Army). Frequently, officers and soldiers would demand things for themselves and take away silverware and money from the civilians' homes[17]. The country's general economy also suffered (every aspect of Belgian industry

BEKANNTMACHUNG

Alle im Privatbesitz befindlichen Bestände an Gummi (Automobildecken und — Schläuche, unge-brauchte Fahrradreifen, Altgummi jeder Art, Gummiabfälle und Rohgummi) sind bis 15. Januar 1916 dem Bürgermeister anzumelden.

Knokke, den 10. Januar 1916.

gez. JAHNCKE
Kapitänleutnant u. Ortskommandant.

BERICHT

Alle voorwerpen in caoutchouc, (Autombilover-treksels en banden, ongebruikte velobanden, oude caoutchouc van allen aard, caoutchouc in afval en in ruwstof) welke in het bezit van bijzonderen zijn, moeten vóór den 15 Januari 1916 den burgemeester aangemeld worden.

Knokke, den 10 Januari 1916.

get. JAHNCKE
Kapitänleutnant u. Ortskommandant.

Drkk. VAN KERSCHAVER, Knokke.

BERICHT

Op bevel der duitsche overheid, moet volgens aanplakbrief van 26 Oogst laatst de metalwaren, zelfs die van particulieren, op Maandag 4 en Dinsdag 5 September, op het stadhuis ingebracht worden.

Knocke, den 2 September 1916.

De Burgemeester,
L. DE KLERCK.

19 Aankondiging door de Gemeente Knokke betreffende het inleveren van metaal. - Announcement by the community of Knokke regarding the delivery of metal.
(Provinciale Archiefdienst West-Vlaanderen, BE PAWV A_A_3270)

18 Aankondiging betreffende de inbeslagname van voorwerpen in rubber in Knokke. - Announcement regarding the seizure of rubber items in the community of Knokke.
(Provinciale Archiefdienst West-Vlaanderen, BE PAWV A_A_3286)

rekening zaken op en nemen ze zilverwerk en geld mee uit de burgerhuizen[17]. Daarnaast krijgt ook de economie rake klappen. De volledige Belgische industrie komt onder toezicht van Duitse 'Zentrales', net zoals de handel van vrijwel alle strategische grondstoffen en landbouwproducten. Een deel van het machinepark wordt ontmanteld en naar Duitsland versluisd[18]. De Belgische economie wordt beetje bij beetje gewurgd[19].

fell under the control of German 'Zentrales',) as did the trade in virtually all strategic raw materials and agricultural products. Heavy machinery was dismantled and removed to Germany[18]. Bit by bit, the Belgian economy was being strangled[19].

20 De Montreal Daily Star, een Canadese krant kopt met 'Canadians take Meetcheele' in Passendale. - The Motreal Daily Star, a Canadian newspaper with the headline 'Canadians take Meetcheele' in Passendale. (MMP1917)

'The War is going to be fought in a fog and the best place for correspondence about the war is London'

(Winston Churchill)[20]

De pers

The Press

In de eerste weken van de oorlog strijken verschillende verslaggevers en fotografen neer in België, wat natuurlijk niet naar de zin is van de legerleidingen. Eerst proberen ze de reporters volledig te weren, maar ze beseffen snel dat de pers eigenlijk een belangrijke bondgenoot is om het publiek voor zich te winnen. Toch duurt het tot 1915 voor de oorlogspers geofficialiseerd wordt[21]. Gedurende de jaren wordt de band tussen verslaggevers en het leger hechter. Journalisten dienen het officiële standpunt weer te geven en kracht bij te zetten[22]. Hoewel het indruist tegen hun principes, wordt *'zeg wat je wil, maar rep met geen woord over mensen, plaatsen of feiten'* uiteindelijk geaccepteerd als de norm[23]. Maar wanneer de lijst met slachtoffers langer wordt, groeit bij de bevolking stilaan het besef dat ze niet de volledige waarheid voorgeschoteld krijgt[24].

In tegenstelling tot andere landen brengt de oorlog de Belgische pers een zware slag toe. De Duitse bezetter maakt onmiddellijk komaf met het Belgische grond-wetsartikel 'totale persvrijheid'. Belgische dagbladen

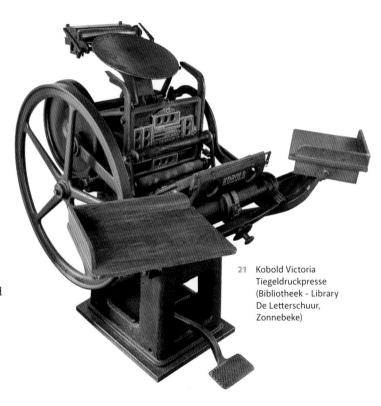

21   Kobold Victoria Tiegeldruckpresse (Bibliotheek - Library De Letterschuur, Zonnebeke)

In the first weeks of the war, reporters and photographers descended on Belgium, which displeased the army's senior staff. At first they tried to keep the reporters away completely, but soon realised that the Press could actually be an important ally in influencing public opinion; however, it was not until 1915 that the war Press was officially recognised[21]. During course of the following years, the alliance between reporters and the army became closer; journalists were used to represent and enforce the official viewpoint[22]. Although it went against their principles, *'say what you like, but do not mention a single word about people, places or facts'* was eventually accepted as the prevailing standard[23], but as the casualty lists got longer, people began to realise that they were not being told the whole truth[24].

In contrast with other countries, the war inflicted a severe blow to the Belgian Press when the German occupiers immediately dispensed with the article of the Belgian constitution that guaranteed 'total freedom of the Press'. Belgian newspapers were censored or forbidden entirely

22 De Duitsers geven in bezet België onder meer dit weekblad uit. – One of the German publications in occupied Belgium is this magazine. (MMP1917)

worden gecensureerd of verboden en de Duitsers geven actief via een eigen 'collaboratiepers' Duitsgezinde kranten en demoraliserende soldatenbrieven uit. Maar hoe strenger de censuur, hoe meer de sluikpers floreert. In België worden maar liefst 80 clandestiene bladen opgericht waaronder *La libre Belgique*. Buiten het bezet gebied ontstaat daarnaast de 'emigratiepers' zoals *De Belgische Standaard*, *Le Vingtième Siècle* en *De Stem uit België*, om de honderdduizenden vluchtelingen van informatie over het vaderland te voorzien[25].

Persbeelden

Verslaggevers kunnen hun berichten telegrafisch doorgeven aan hun redactie, maar de fotonegatieven moeten teruggestuurd worden naar labs in Londen of Parijs. Het transport van negatieven loopt niet altijd van een leien dakje. Zo verschijnen sommige foto's meestal pas een paar weken later in bladen zoals *The Daily Mail* of *The New York World*. Het gebrek van foto's van het front vormt voor geïllustreerde magazines een groot probleem. Om dit gebrek op te vangen, richten de verschillende legers

23 Nadat de neutrale Nederlandse pers gewag maakt van Duitse mistoestanden in Brugge verschijnt dit bericht, betreffend het verbod om te corresponderen met Nederland. – When the neutral Dutch press mentions the bad treatment of British prisoners of war in Bruges, the Germans publish this notice about the prohibition to correspond with the Netherlands. (Provinciale Bibliotheek Tolhuis, AFF000897)

vanaf 1915 eigen fotografische diensten op. *De Service photographique de l'Armée Belge* wordt in november 1915 als laatste opgericht. Tot het einde van de oorlog levert de dienst meer dan 25.000 foto's af.

Elke foto moet natuurlijk goedgekeurd worden door de militaire leiding. Het beeld dat het 'thuisfront' te zien

and by means of their own 'collaboration Press', the Germans published pro-German papers containing demoralizing soldiers' letters. But the stricter the censorship, the more the clandestine Press flourished. In Belgium as many as 80 clandestine papers were founded, among them, *La Libre Belgique (Free Belgium)*. From the occupied area, the 'emigration Press' also emerged, with publications such as *De Belgische Standaard (The Belgian Standard), Le Vingtième Siècle (The Twentieth Century)* and *De Stem uit België (The Voice of Belgium)*, which provided information about the home country to hundreds of thousands of refugees[25].

Press images

Journalists could wire reports to their editors by cable, but photographic negatives had to be sent back to laboratories in London or Paris; this did not always go smoothly, which is why some photos often took a couple of weeks to appear in papers such as *The Daily Mail* or *The New York World*. The lack of photographs from the Front was a major problem for illustrated magazines. To make up for

24 Het Franse 'L'illustration' maakt veelvuldig gebruik van foto's afkomstig van fotografische diensten van het leger. – The French magazine 'L' Illustration' uses many pictures taken by military photography services. (MMP1917)

this shortage, each army started their own photographic services in 1915. The *Service Photographique de l'Armée Belge (The Belgian Army Photographic Service)* was the last to be founded, in November of that year. By the end of the war, the service had produced more than 25,000 photos.

krijgt van het echte front wordt nauwkeurig gereguleerd[26]. In een Britse foto ziet men bijvoorbeeld vaak een '*Tommy Atkins*', een vastberaden en plichtsbewuste soldaat in zijn dagdagelijkse omgeving. Daarnaast wordt eveneens een zekere vorm van zelfcensuur toegepast. Foto's van verminkte lijken kunnen bijvoorbeeld niet door de beugel. Ook de Duitsers tonen in hun foto's de zelfzekere en levendige soldaat[27]. Lijden, ellende en de dood van eigen militairen worden niet op foto weergegeven en zelfs verboden. Maar aangezien Duitse militairen eigen foto-toestellen mogen meenemen, komt vernieling en dood wel af en toe voor in privé-foto's[28].

Ook voor illustrators, grafische ontwerpers en karika-turisten is het een belangrijke periode. Om toch iets van het front te kunnen tonen, worden er vooral in de eerste oorlogsjaren, tekenaars op uit gestuurd. Hun prenten zijn vaak dramatisch en worden heldhaftig bijgekleurd[29]. Naast illustraties in kranten en tijdschriften, worden ze ook gevraagd voor spotprenten en cartoons in satirische magazines[30].

Frontbladen

Aan het front is er eveneens nood aan informatie en al gauw ontstaan er frontbladen. De edities geven de militairen een uitlaatklep om even aan de realiteit te ontsnappen. Het is daarnaast ook dé manier om op de hoogte te blijven van adressenlijsten van militairen, namen van gewonden, gesneuvelden en promoties[31]. De loopgravenpers richt zich bijna uitsluitend tot de gewone soldaat. Er wordt zelfs medewerking gevraagd via het insturen van eigen brieven, tekeningen en gedichten. Sommige periodieken krijgen zoveel stukken ingezonden dat ze hieruit moeten selecteren[32]. Frontbladen verschijnen gemiddeld maandelijks en de redactiebureaus bevinden zich zowel in het buitenland, het achterland of aan het front zelf[33]. Rekening houdend met de omstandigheden, zoals materiaalschaarste en beschietingen, moet er vaak geïmproviseerd worden. Stencils, handschriften of soms overdrukte bladen zijn geen uitzondering[34]. De regering en de legerleiding staan eerder terughoudend tegenover het verschijnen van frontpers, in België onder andere door de Vlaamsgezinde houding van sommige

Naturally, every photograph had to be approved by the military leaders. The images of the real Front that the people at home were allowed to see were carefully controlled[26]. In a British photograph, for instance, a '*Tommy Atkins*' can frequently be seen; a determined and dutiful soldier in his daily surroundings. Apart from that, deliberate self-censorship was also practiced; photos of mutilated bodies, for example, were out of the question. The Germans, too, promoted the image of the self-assured and brisk soldier in their pictures[27]. Suffering, misery and death of one's own soldiers was not represented in photos and were even forbidden. But since German soldiers were allowed to have their own cameras, private photos occasionally showed scenes of death and destruction[28].

It was an important period for illustrators, graphic designers and cartoonists, too. Particularly in the first years of the war, artists were sent out to show something of what was happening at the Front and their drawings were often of dramatic and heroic scenes[29]. As well as illustrations in newspapers and periodicals, there was also considerable demand for cartoons in satirical magazines[30].

Front journals

There was also a need for information at the Front itself and soon 'Front journals' were founded which not only gave the fighting men a release from reality, but at the same time were the most suitable way of keeping their readers abreast of lists of addresses of soldiers, names of the wounded, the fallen and promotions[31]. The trench Press was aimed almost exclusively at the common soldier and they were even invited to participate by sending their own letters, drawings and poems. Some periodicals received so many readers' letters that they could only print a sample of them[32]. Front journals appeared monthly on average and the editorial offices could be found either abroad, away from the fighting, or at the Front itself[33]. Depending on the circumstances, such as scarcity of materials and shelling, they often had to improvise; stencils, manuscripts or sometimes overprinted pages were no exception[34].

The government and senior military staff had reservations about these publications in Belgium because of their pro-Flemish viewpoint[35]. The trench Press tried to keep

25 Frontblaadje Heimatglocken voor Groszheirath-Buchenrod en Rossach, 4de jaargang, nummer 9. - Front journal Heimatglocken for Groszheirath-Buchenrod and Rossach, 4th year, number 9. (MMP1917)

bladen[35]. De loopgravenpers zorgt er voor dat het moreel van de soldaten hoog gehouden wordt, maar aan de andere kant kan een krant onbedoeld nuttige inlichtingen verstrekken aan de vijand. Uiteindelijk wordt ook de militaire censuur ingesteld voor frontbladen[36].

up the soldiers' spirits, but may unintentionally provide useful information to the enemy and eventually military censorship was also imposed on the Front journals[36].

'COUNTRY INVADED BY GERMAN TROOPS'

De Amerikaanse freelance journalist Granville Fortescue is de eerste journalist die bij het Britse publiek verslag uit brengt over de Duitse inval in België. Op 3 augustus 1914 publiceert *the Daily Telegraph* zijn artikel. In Groot-Brittannië staat het verhaal in geen enkele andere krant en wordt het ook niet door het ministerie van Buitenlandse Zaken bevestigd. Fortescue wordt onmiddellijk op het matje geroepen. Wanneer 24 uur later het nieuws uiteindelijk bevestigd wordt, krijgt de Amerikaan de nodige excuses en een grote commissie[37].

'COUNTRY INVADED BY GERMAN TROOPS'

The American freelance journalist Granville Fortescue was the first journalist to inform the British public about the German invasion of Belgium when, on 3 August 1914, *The Daily Telegraph* published his article. In Great Britain, the story appeared in no other paper nor was it confirmed by the Foreign Office and Fortescue was called to account at once. When, 24 hours later, the news was finally confirmed, the American was offered the necessary apologies and awarded a large commission[37].

25 October 1917   Nummer 491

DE LEGERBODE

den Dinsdag, Donderdag en Zaterdag verschijnende

Dit blad is VOOR DE BELGISCHE SOLDATEN bestemd ; iedere compagnie, escadron of batterij ontvangt tien of vijftien Fransche en Nederlandsche exemplaren.

De Toestand van de Koolmijnen in bezet België

Uit de inlichtingen, die de regeering te Havre uit goede bron ontvangen heeft over den toestand van sommige koolmijnen in bezet België zou blijken dat de totale opbrengst kolen daar ongeveer 60 p. h. bedraagt van wat er in gewonen tijd opgedolven wordt. Daar deze laatste hoeveelheid ongeveer 23 miljoen ton bedraagt, kan men de tegenwoordige dus op ongeveer 13.8 miljoen ton schatten.

In de koolmijnen uit de streek van Charleroi, bedroeg de opbrengst in 1916 ongeveer 3,370,000 ton ; 20 p. h. van deze totale opbrengst is door de Duitschers opgevorderd. Tijdens den eersten semester van het jaar 1917 werden er slechts 2,380,000 ton opgedolven : 32 p. h. van deze hoeveelheid werd door de Duitschers opgevorderd. Voor den tweeden semester mag men zeggen dat de opbrengst nog fel verminderd is ten

het bekken van Luik, in de briketten-fabriek van Le Hasard, die tegenwoordig niet meer werkzaam is, eene stoom-siroopfabriek heeft ingericht, die vruchtensiroop vervaardigt voor al de arbeiders van de « Union ». In de koolmijn « Bois de Micheroux », blijven er nog 200 tot 300 man aan het werk van de 500 voor den oorlog. De opbrengst is er nu van 400 tot 500 « berlaines ». Van 15 Juli tot 1 Augustus hebben de Duitschers gansch de voortbrengst van deze mijn opgevorderd.

SCHETSEN VAN HET BELGISCH FRONT

De Vijfde Sectie

't Is een aardigheid onze jongens zoo een dag gade te slaan. Van 's morgens vroeg zit het er op. De Kop, een zoogezegde Franschman, zet het vuur in gang. De Manepiet, een raar ventje van de klas 16, kan het maar niet over zijn hart krijgen, dat hij zoo moet afzien ; hij kijft en tamboert gestadig terwijl zijn maat, den Duffelaar,

DE TOESTAND

ALGEMEEN OVERZICHT

Schitterend Fransch Offensief aan de Aisne : 7,500 Krijgsgevangenen en 25 Kanons.

Nieuw Fransch-Britsch Succes in Vlaanderen.

Op het Belgisch front, heeft onze artillerie den 22e en den 23e herhaaldelijk roffelvuur op 's vijands batterijen gericht. 's Vijands terugwerking was gering.

Op het Fransch-Britsch front in België, hebben onze bondgenooten een nieuwen aanval ingezet aan weerskanten van den spoorweg Yper-Staden.

26   Deze voorpagina van 'De Legerbode' spreekt over het 'groot succes' van de Slag om Passendale. –
This front page of 'De Legerbode' is talking about the 'great succes' of the Battle of Passchendaele. (MMP1917)

DE LEGERBODE

Het officiële frontblad, *De Legerbode* (*Le Courrier de l'Armée*) verschijnt drie keer per week en ziet het daglicht in september 1914. Iedere compagnie ontvangt tien tot vijftien Nederlandstalige- en Franstalige nummers, die kosteloos verspreid worden. De sterk patriottische lectuur en de soms verbloemde oorlogsberichtgeving van dit officieel blad staan niet hoog aangeschreven bij de militairen. Spottend wordt het soms 'de Leugenbode' genoemd[38].

DE LEGERBODE

The official front journal, *De Legerbode / Le Courrier de l'Armée* (*The Army Messenger*) appeared three times per week after first seeing the light of day in September 1914. Each company received ten to fifteen Dutch and French issues, which were distributed free of charge. The patriotic reading matter and the sometimes glossed-over war coverage of this official paper were not held in very high esteem among the military and it was sometimes mockingly referred to as 'The Lies Messenger'[38].

THE WIPERS TIMES

Wanneer de Britten in oktober 1914 de stad Ieper betreden, hebben ze net zoals met sommige andere steden problemen om de naam correct uit te spreken. Ieper wordt algauw '*Eeps*', '*Eepray*' of '*Wipers*'. Wanneer begin 1916 een nieuw Brits frontblad ontstaat binnen de verwoeste muren van de stad, is de naam snel beslist: '*The Wipers Times*'. Er verschijnen 23 nummers van het magazine. Wanneer de tweekoppige redactie, Captain (later Lieutenant-Colonel) F. J. Roberts en Lieutenant (later Major) J. H. Pearson, regelmatig veranderen van locatie, verandert ook de naam van het blad in '*The New Church Times*', '*The Kemmel Times*', '*The Somme Times*' en uiteindelijk '*The B.E.F. Times*'. Bij die laatste is de titel niet langer onderhevig aan verandering van locatie en wordt de locatie ook niet weggegeven aan de vijand. Op het einde van de oorlog verandert de titel nog één keer naar '*The Better Times*'. Humor vormt het hoofddoel van het frontblad, om op die manier even te kunnen ontsnappen aan de harde realiteit[39].

THE WIPERS TIMES

When the British entered the town of Ypres in October 1914, they had problems pronouncing the name correctly, as they did with other town names. Ieper/Ypres soon becomes '*Eeps*', '*Eepray*' or '*Wipers*'. When early in 1916, a new British Front journal was founded within the devastated town walls, the name was soon decided: '*The Wipers Times*'. 23 issues of the magazine were published. When the two-man editorial team, Captain (later Lieutenant-Colonel) F. J. Roberts and Lieutenant (later Major) J. H. Pearson, regularly changed locations, the name of the paper also changed to '*The New Church Times*', '*The Kemmel Times*', '*The Somme Times*' and eventually '*The B.E.F. Times*'. In this last case the title was no longer dependent on the location, which in turn, was not given away to the enemy. At the end of the war, the title changed one more time into '*The Better Times*'. Humour was the main reason of this front paper's existence, so as to distract its readers from harsh reality for a while[39].

Foto en film

Photo and Film

← 27 Leden van het Canadian War Records Office wandelen in Frankrijk richting het front. –
Members of the Canadian War Records Office in France walking towards the front line.
(Canadian War Museum, CWM 19920085-880)

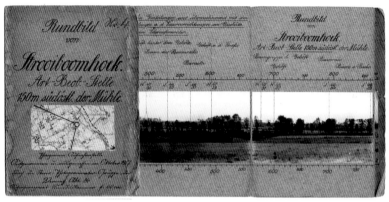

29 Panoramische opname "Rundbild von Fme Verrat. Artillerie-Beobachtungs-Stelle nordl. Messines", gedateerd juni 1916. (MMP1917)

28a Britse - British camera Kodak N° 2 Model B Box Brownie, 1914. (MMP1917)

28b Duitse - German Ernemann Balgenkamera. (MMP1917)

Fotografie behoort vandaag tot een van de belangrijkste instrumenten van oorlogsverslaggeving en wordt reeds voor de Eerste Wereldoorlog toegepast. De Eerste Wereldoorlog is de eerste uitgebreid fotografisch gedocumenteerde oorlog in de wereldgeschiedenis. Op het einde van de 19de eeuw ondergaat de fototechniek een enorme evolutie. De camera's worden lichter en kleiner en dus eenvoudiger te hanteren. Door de opkomst van de rolfilm, in plaats van glasplaten, en de kortere belichtingstijd kan zelfs de ongetrainde amateurfotograaf ermee aan de slag. In tijdschriften verschijnen soms foto's en verslagen van 'onze officier aan het front'. Deze nonchalante informatieverspreiding wordt al snel door de militaire censuur aan banden gelegd en het publiek krijgt enkel de geselecteerde waarheid te zien[40].

Het leger heeft dan weer nood aan een ander soort fotomateriaal, namelijk verkenningsfoto's. We kunnen deze foto's onderverdelen in twee grote categorieën: het militair panorama en luchtopnames vanuit een vliegtuig of luchtballon. Verkenningsfoto's zijn niet voor de pers en

Photography is one of the most important instruments of war coverage today and was already being used before the First World War. World War One was the first extensively photographically-documented war in global history. At the end of the 19th century, photographic techniques went through enormous changes; cameras were becoming lighter and smaller and thus easier to handle. With the advent of roll-film, instead of glass plates, and the shorter exposure time, even the untrained amateur photographer could have a go. In magazines, photos and reports would sometimes appear from 'Our officer at the Front'. This uncontrolled distribution of information was soon restrained by military censorship and the public were only informed of selected elements of the truth[40].

The army needed a different kind of photographic footage, viz. reconnaissance photos. These pictures can be divided into two major categories: military panoramas and aerial shots from an aeroplane or balloon. Reconnaissance photos are not intended for the Press or the general public, as the enemy could get valuable information, such

30 Een Franse geïmproviseerd genomen luchtfoto van het Polygoonbos, 22 maart 1915. –
A French improved aerial photo of Polygon Wood, taken on 22 March 1915. (MMP1917)

het grote publiek bestemd. De vijand kan op die manier immers waardevolle informatie, zoals belangrijke posities en strategische punten, in handen krijgen.

Een militair panorama is een vanop korte afstand van de frontlinies gemaakt wijds en uiterst gedetailleerd beeld. Een panorama nemen is een hachelijke onderneming. De fotograaf moet op een geschikte, gecamoufleerde plek gedurende een uur ongeveer 30 foto's nemen. De gegevens worden vervolgens op gedetailleerde kaarten en plattegronden uitgetekend. Het grootste nadeel is dat het nemen van een panorama bij een bewegend front onmogelijk is[41].

Bij luchtfotografie worden de loopgraven en wijzigingen in de verdedigingsstrategie van de vijand in kaart gebracht. Niet alleen de posities maar ook hun intenties kunnen op die manier achterhaald worden. Met betere lenzen, semiautomatische plaatwissels, langere brandpuntafstanden en stereoscopie wordt de kwaliteit steeds beter, waarbij Duitsland de boventoon voert. Naast de technische vooruitgang, wordt ook vooruitgang geboekt in het interpreteren en lezen van de foto's. Troepen kunnen

as important positions and strategic points, from them. A military panorama is a wide and very detailed image, taken a short distance from the front lines. Making such a panorama was not an easy thing to do as the photographer had to take about 30 photos from a suitable camouflaged spot for about an hour. The information was then drawn onto detailed maps and ground plans. The main drawback was that making a panorama of a moving front is not possible[41].

Aerial photography was used to map the trenches and changes in the defensive strategy of the enemy, which enabled calculation of not only the positions, but also their intentions. With better lenses, semi-automatic changes of plates, longer focal distances and stereoscopy, the quality improved more and more, with the Germans having superior equipment. Apart from the technical improvements, progress was also made in interpreting and reading the photos, so that advances could be made with knowledge of what lay ahead, both in terms of the enemy's troop concentrations and the landscape beyond, providing indispensable information about artillery

voortaan oprukken met voorkennis over de vijandelijke troepenconcentraties en het (achterliggende) landschap. Hierbij is een exacte kennis van artilleriedoelwitten en de resultaten van het artillerievuur onontbeerlijk. Ook het eigen systeem wordt soms gefotografeerd, om zo de efficiëntie van de eigen camouflage en de vooruitgang van onderhoudswerkzaamheden vast te stellen[42].

Film

Film is aan het begin van de 20ste eeuw relatief nieuw en heeft een belangrijke sociale impact. Vooral de arbeidersklasse bezoekt regelmatig de bioscoop. Londen heeft zo'n 1.000 bioscopen, Parijs 700 en verspreid over Duitsland vindt men zo'n 2.000 cinema's terug. Het voordeel van de stille film is dat dezelfde film in verschillende landen vertoond kan worden. Maar naarmate de oorlog vordert, worden 'vijandelijke films' geweerd en worden meer eigen films vertoond. De bioscoop wordt bijgevolg een handig en subtiel propagandamiddel[43]. Naast speelfilms worden ook actualiteitsfilmpjes getoond en ook de militairen kunnen van de bewegende beelden genieten

in de dichtstbijzijnde veldcinema[44]. De meest bekende en historisch belangrijkste film uit zijn genre is *'The Battle of the Somme'* uit de zomer van 1916. Het is de eerste film die de realiteit van de oorlog toont aan het grote publiek. Het effect is zo groot dat het de meest bekeken film in Groot-Brittannië is tot de film Star Wars uitkomt in 1977[45].

Enkele belangrijke oorlogsfotografen, vooral wat de Slag bij Passendaele betreft, zijn William Rider-Rider, Ernest Brooks, John Warwick-Brooke en Frank Hurley[46].

targets and the results of attacks on them. These methods were also used for calculating the efficiency of one's own camouflage and the progress of maintenance work[42].

Film

At the beginning of the 20th century, film was relatively new and had an important social impact; for example, enabling particularly the working classes to go to the cinema regularly. London had approximately 1,000 cinemas, Paris 700 and spread all over Germany, there were some 2,000. The advantage of silent film meant that the same film could be shown in different countries, but as the war progressed, 'enemy films' were dropped and more domestic films were shown. The cinema thus became a handy and subtle means of propaganda[43]. Apart from feature films, newsreels were shown and the military could enjoy watching moving pictures in field cinemas[44]. The most famous and historically important film of its kind was 'The Battle of the Somme' from the summer of 1916, which was the first film to show the reality of war to the general public. The effect was so great that it became

31   Anti-Duitse propagandafilm, ca. 1916 -
      Anti-German propaganda film, ca. 1916

the most-watched film in Great Britain until Star Wars was released in 1977[45].

Some important war photographers, especially as far as the Battle of Passchendaele is concerned, are William Rider-Rider, Ernest Brooks, John Warwick-Brooke and Frank Hurley[46].

32 Hurley's foto 'Battle of Zonnebeke' is een resultaat van combination printing. –
Hurley's photograph 'Battle of Zonnebeke' is a result of combination printing. (State Library of New South Wales, PXD 22/no. 36)

JAMES FRANCES (FRANK) HURLEY (1885-1962)

Hurley ziet gedurende zijn 60 jaar durende carrière als fotograaf zo goed als de hele wereld. Hij onderneemt zes expedities naar Antarctica, fotografeert twee wereldoorlogen en maakt talrijke documentaires. In 1917 wordt hij benoemd tot officiële fotograaf voor de Australian Imperial Forces. De poging van de geallieerden om Passendale te veroveren wordt op gevoelige plaat vastgelegd. Hurley is één van de eerste die kleurenfoto's neemt tijdens de Eerste Wereldoorlog. Daarnaast maakt hij ook composities van verschillende negatieven en manipuleert ze zo tot één foto, ook wel *combination printing* genoemd. De foto's die het meest bijblijven zijn echter deze met een smachtende blik in de ogen van gewonde mannen, de met regen gevulde kraters en het kapotgeschoten modderlandschap. Om deze foto's te maken, onderneemt Hurley veel risico's, met vele bijna-doodservaringen tot gevolg[47].

JAMES FRANCES (FRANK) HURLEY (1885-1962)

During his 60-year career as a photographer, Hurley saw virtually the whole world. He undertook six expeditions to Antarctica, photographed two world wars and made numerous documentaries. In 1917, he was appointed official photographer for the Australian Imperial Forces and recorded the efforts of the Allies to capture Passchendaele. Hurley was one of the first to take colour photographs during the First World War and made compositions of different negatives, manipulating them into one picture, a process known as *combination printing*. The photos that stick in one's memory, however, are those showing the yearning look in the eyes of wounded men, the water-logged shell craters and the devastated mud landscape. To make these photos, Hurley had to take great risks, with lots of near-death experiences as a consequence[47].

Post en briefwisseling
Post and correspondence

← 33 Het sorteren van Duitse veldpost bij het station van Koekelare. –
Sorting field post at the station of Koekelare.
(Archief Wilfried Deraeve)

Voor de meeste soldaten bestaat de oorlog uit dagdagelijkse taken, strijd, zwaar werk en verveling. Schrijven
helpt die leegte wat op te vullen en de heimwee te
verwerken[48]. Militairen willen laten weten waar ze zich
ongeveer bevinden, het thuisfront geruststellen en hun
gevoelens overbrengen. Zij die goed kunnen schrijven,
sturen brieven. Anderen zien dan eerder het voordeel van
de postkaart in. De kaart is sneller vol, goedkoop, overal
te verkrijgen en de afbeelding kan gevoelens soms iets
beter uitdrukken dan woorden[49]. De militaire postkaart
is gratis, de inhoud is al voorgedrukt en men hoeft zelfs
alleen maar te schrappen wat niet past[50]. Daarbij worden
brieven en postkaarten vaak genummerd om te contro-
leren of alles wel goed aankomt.

Op het einde van de 19de eeuw veroveren prentbriefkaarten de wereld. Niet alleen gaan mensen meer reizen,
maar de kaarten zelf worden ook een waar verzamelob-
ject. Van 1900 tot 1918 kunnen we zelfs spreken van de
'Gouden Tijd' van de prentbriefkaart. Het is de TV, radio,
internet, Twitter en Facebook van die tijd. Prentbriefkaarten kunnen we onderscheiden op basis van fotografisch materiaal, tekeningen en geborduurde of geweven
silk cards. Geliefde thema's zijn romantiek, vaderlands-
liefde, propaganda, militaire leiders, veroveringen, spot
en haat. Op inhoudelijk vlak zien we in grote lijnen
verschillen per nationaliteit[51].

België

In het bezette België wordt het postverkeer drastisch
ingeperkt. Brieven moeten open verstuurd worden en van
Duitse zegels voorzien zijn. Velen proberen in de mate van
het mogelijke de post persoonlijk of via eigen koeriers te
bezorgen. Omdat er weinig nieuws doorsijpelt over het lot
van vader, broer of zoon aan het front, wordt vanaf 1915
Het Woord van de Soldaat/Le mot du Soldat opgericht
door het verzet. Berichten tussen het IJzerfront en het
bezette gebied worden in conservenblikken en schoen-
zolen in en uit België gesmokkeld. Betrouwbaar nieuws is
schaars[52].

For most soldiers, the war consisted of daily tasks, battle, hard labour and boredom. Writing helped to fill any spare time and to combat homesickness[48]. Soldiers felt the need to describe where they were, to reassure loved ones and to communicate their feelings. Those who were good at writing sent letters; others preferred postcards, as they could be filled more quickly, were cheap, available everywhere and a picture could sometimes express feelings better than words[49]. The military postcard was free and the contents pre-printed so that one only had to cross out what did not apply[50]. Moreover, letters and postcards were often numbered to check that items had arrived safely.

By the end of the 19th century, picture postcards had conquered the world. Not only were people travelling more, but the cards themselves become collector's items. The period from 1900 to 1918 could be called the Golden Age of the picture postcard; it was the TV, radio, internet, Twitter and Facebook of its time. Cards could be decorated with photographs, drawings and even embroidered or woven silk. Favourite themes included romanti-

34 'Silk postcard' met Russische, Belgische, Franse en Britse vlag met centraal een ingekleurde foto van een Franse generaal, beschreven op 16 oktober 1916. - 'Silk Postcard' showing the Russian, Belgian, French and British flag and a coloured photograph of a French general, written on 16 October 1916. (MMP1917)

cism, patriotism, propaganda, military leaders, conquests, mockery and hatred. As to contents, we see major differences according to nationality[51].

Belgium

In occupied Belgium, the delivery of mail was drastically restricted and letters had to be sent unsealed and using German stamps. As far as possible, people tried to deliver letters in person, or through trusted couriers. Because

35 Feldpostkarte. (MMP1917)

37 Afladen van veldpost aan de Kortewilde, nabij Vladslo. –
Unloading field post at Kortewilde near Vladslo.
(Archief Wilfried Deraeve)

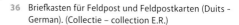

36 Briefkasten für Feldpost und Feldpostkarten (Duits -
German). (Collectie – collection E.R.)

Duitsland

In Duitsland onderscheidt veldpost zich van gewone post doordat militairen geen portkosten hoeven te betalen. Op de brief dient wel uitdrukkelijk het woord '*feldpost*' vermeld te worden. De post wordt er geleid door de *Feldoberpostmeister*. Hij is verantwoordelijk voor de postbedeling tussen het leger en het thuisfront. Zoals verwacht stijgt het aantal postbeambten in de loop van de oorlog enorm. In juni 1918 telt de veldpost 8.131 ambtenaren en 5.114 tijdelijke werknemers. Wanneer hierbij ook nog de 11.468 werknemers in de inzamelpunten in Duitsland worden meegeteld, zit men aan bijna 25.000 mannen en vrouwen die er verantwoordelijk voor zijn[53]. In de eerste week van oktober 1914 worden meer dan drie miljoen en rond Kerstmis 1914 meer dan zeven miljoen pakketjes verstuurd[54]. Aan het begin van 1917 worden zo'n twaalf miljoen brieven en postkaarten per dag verwerkt[55].

so little news about the fate of fathers, brothers or sons at the Front was available, *Het Woord van de Soldaat /Le mot du Soldat (The Soldier's Word)* was founded by the resistance in 1915. Messages between the Yser front and the occupied area were smuggled in and out of Belgium in tins and the soles of shoes; reliable news was rare[52].

Germany

In Germany, field post was distinguishable from ordinary post because the military did not have to pay postal charges as long as the word '*Feldpost*' *(Field post)* was clearly shown. The *Feldoberpostmeister (Senior Field Postmaster)* was responsible for postal delivery between the army and the home front. Unsurprisingly, the number of postal workers increased enormously during the course of the war; in June 1918 the field post had 8,131 civil servants and 5,114 temporary employees. If the 11,468 employees in Germany itself are added , a total of almost 25,000 men and women were responsible for postal communications[53]. In the first week of October 1914, more than three million parcels were sent, and during the Christmas period that

62

38 Centraal sorteercentrum van de Duitse veldpost te Kassel. –
Central sorting office for German field post in Kassel.
(Archief Wilfried Deraeve)

39 Field service post card van Leonard Stump,
gedateerd 15 september 1917. Leonard Stump
behoorde tot de 31st Canadian Infantry en
sneuvelde in de strijd. - Field service post card
from Leonard Stump, dated 15 September 1917.
Leonard Stump was part of the 31st Canadian
Infantry and died during battle. (MMP1917)

Groot-Brittannië

In Groot-Brittannië duurt het slechts twee dagen voor een brief het front bereikt. Per week worden zo'n 12,5 miljoen brieven verstuurd. De brieven en pakketjes worden verzameld in een sorteerdepot in Regent's Park, Londen. Van daaruit wordt de post verscheept naar Le Havre, Boulogne of Calais, waar de Royal Engineers Postal Section verantwoordelijk is voor het transport naar het front. In 1914 bestaat de dienst uit slechts 250 personen, tegen het einde van de oorlog zijn er dat 4.000. Gedurende de oorlog gaan er 2 miljard brieven en 114 miljoen pakjes door dit sorteercentrum[56].

Censuur

Van zodra de Eerste Wereldoorlog uitbreekt, voeren België, Frankrijk en Duitsland heel snel censuur in. Groot-Brittannië volgt twee jaar later. Niet alleen prent-briefkaarten, maar ook brieven en postpakketjes worden gecontroleerd. Zowel de afbeelding als de inhoud worden nauwkeurig onder de loep genomen. Op postkaarten

year, over seven million[54]. By the beginning of 1917, about twelve million letters and postcards were handled per day[55].

Great Britain

From Great Britain it only took two days for a letter to reach the Front. Approximately 12.5 million letters were sent each week; the letters and parcels were collected in a sorting-depot in Regent's Park, London, from where they were shipped to Le Havre, Boulogne or Calais, where the Royal Engineers Postal Section transported them to the Front. In 1914, the service was run by 250 staff; by the end of the war there were 4,000, who processed 2 billion letters and 114 million parcels through this sorting centre[56].

Censorship

Belgium, France and Germany introduced postal censorship very soon after war broke out; Great Britain followed two years later. Not only picture postcards, but also letters and parcels were checked, with both images

40 Een Canadees aan een geïmproviseerde schrijftafel. –
A Canadian using an improved desk.
(Canadian War Museum, CWM 19920044-504)

41 Canadees militair postpersoneel haalt de post op in een dugout.
– Canadian military postal workers bringing up the mail from a
dugout. (Canadian war Museum, CWM 19930012-740)

staan zelden gedetailleerde beschrijvingen van de oorlog, ook al omdat de militairen vaak aan zelfcensuur doen. Het thuisfront wordt een ideaalbeeld voorgeschoteld. Niet alleen wegens de censuur maar omdat men in een brief even kan en wil ontsnappen aan de realiteit[57].

Oorlogsmeters

Militairen die niemand hebben om mee te schrijven, omdat hun familie bijvoorbeeld in bezet gebied woont, kunnen corresponderen met 'oorlogsmeters'. Dat zijn meestal jonge vrouwen die militairen een hart onder de riem willen steken. Het systeem bestaat al vóór de Eerste Wereldoorlog maar wordt nu heel intensief en vaak officieel georganiseerd. De militairen ontvangen niet alleen brieven maar vaak ook postpakketjes, al dan niet in ruil voor loopgravenkunst.[58] Een postpakket bevat vooral luxegoederen, zoals kledij en lekkers.

and content being carefully examined. Postcards rarely contained detailed descriptions of the war, because the military imposed self-censorship. The Home Front was presented with an idealised image, not only because of censorship, but because in a letter one could escape reality for a while[57].

War godmothers

Soldiers who had nobody to write to, because their relatives lived in occupied territory for instance, could correspond with 'war godmothers', who were mostly young women wanting to raise the morale of soldiers. The system had already existed before the First World War but was now intensively and often officially organized, so that he soldiers could not only receive letters but also parcels, sometimes in exchange for trench art[58]. A parcel usually contained luxuries, such as clothes and sweets.

Niet alleen positief nieuws

Er komt niet alleen positief nieuws van het front. Het nieuws dat een geliefde vermist, gevangen genomen of overleden is, is de grote vrees van iedereen aan het thuisfront. Soms kunnen de reeds ontvangen brieven van hun man, zoon of broer enige troost bieden[59].

'There came a sudden loud clattering at the front-door knocker that always meant a telegram. For a moment I thought that my legs would not carry me, but they behaved quite normally as I got up and went to the door. I knew what was in the telegram.'

(Vera Brittain)

In bezet België zijn alle postkantoren tijdens de oorlog in handen van de Duitse bezetter. Maar in Baarle-Hertog kan dankzij de complexe grensstructuur het enige, nog werkende Belgische postkantoor blijven functioneren. Zo goed als alle brieven tussen het front en bezet België passeren via dit postkantoor. De Belgen kunnen een soort brievenboekje kopen met een nummer op. Enkel in het kantoor in Baarle-Hertog kan men een brief versturen naar een adres achter het geallieerde front en aan een naam aan het front. De familie schrijft aan de ene kant van het kaartje in het boekje een boodschap neer. Eenmaal aan het front, schrijft de militair op het lege stuk een antwoord en stuurt het terug. In het postkantoor weten ze via het kaartnummer naar wie ze het bericht moeten sturen. Er wordt gewerkt met een nummersysteem omdat het immers verboden is om namen op de kaartjes te zetten. Het enige probleem is het over de grens smokkelen van de kaartjes. Een heel netwerk van smokkelaars weet met behulp van enkele achterpoortjes honderdduizenden brieven de grens over te krijgen[60].

Not only positive news

It was not only positive news that came from the front; news that a loved one was missing, taken prisoner or had been killed, was the great fear of everyone at home. Sometimes the letters that had already been received from a husband, son or brother could be of considerable comfort[59].

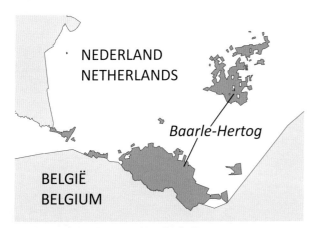

NEDERLAND
NETHERLANDS

Baarle-Hertog

BELGIË
BELGIUM

In occupied Belgium, all post offices were in the hands of the German occupier throughout the war, but in Baarle-Hertog there was one Belgian post office that could keep functioning, thanks to the complicated border structure and virtually all letters between the front and occupied Belgium passed through this facility. The Belgians could buy a letter booklet, identified by a unique number, as it was forbidden to use names. The family wrote a message on the one side of the card in the booklet; when it arrived at the front, the soldier wrote a reply on the empty part and sent it back. The post office staff could tell from the card number who the message should be sent to. The only problem was getting the cards across the border, but an inventive network of smugglers managed to deliver hundreds of thousands of letters[60].

42 De complexe grensstructuur van Baarle-Hertog. –
The complex borders of Baarle-Hertog. (MMP1917)

43 Duitse koeriers laden postduiven in mandjes op de rug van honden om ze te vervoeren. –
German signal troops loading carrier pigeons into cascets on the back of dogs for transportation. (Imperial War Museum, Q 48444)

Dieren als koerier
Animals as couriers

44 Een Duitse Meldeganger waant zich een weg door het kapotgeschoten Passendale. – A German Meldeganger searching his way through the ravaged landscape of Passendale. (Archief Wilfried Deraeve)

45 Militaire plooifiets - Military folding bike "Capitain Gerard" (Belgisch - Belgian) (Wielermuseum Roeselare)

Gemiddelde snelheid[61]   **Average speed**[61]

↑ 1 km/1 min   ↑ 1 km/2 min

Hoewel de Grote Oorlog soms als de eerste moderne oorlog omschreven wordt, kunnen nieuwe technologieën de dieren niet zomaar vervangen. Bij de cavalerie, het transport, de communicatie, de bevoorrading of de gezondheidsdienst vervullen de muilezel, het paard, de hond of de duif de meest uiteenlopende taken. Bij communicatie worden vooral duiven en honden ingezet.

Voor een optimale samenwerking, moeten de fronttroepen voortdurend in contact staan met de staf achter het front. De nieuwe transmissiemiddelen, zoals de telegraaf en telefoon, worden constant door bombardementen bedreigd of buiten werking gesteld. Militairen die werken als koerier hebben één van de gevaarlijkste jobs

Although the Great War is sometimes called the first modern war, even new technologies could not completely replace the animals used in warfare. In the cavalry, transport, communication, provisioning or the health service, mules, horses, dogs and pigeons performed diverse tasks; for communications, pigeons were used the most frequently.

For maximum co-operation and effectiveness, the troops at the Front had to be in constant contact with the staff in the rear, but the new technologies, such as the telegraph and telephone, were at constant risk of being put out of action by shelling. Soldiers who worked as couriers had one of the most dangerous jobs in the world, because as

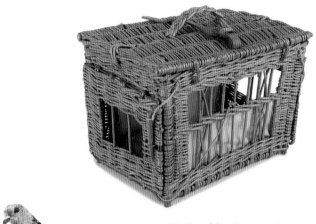

46 Tweedelige duivenmand van het Britse Tank Corps voor gebruik aan het front.- Two bird pigeon trench basket from the British Tank Corps. (Australian War Memorial, RELAWM04398)

48 Duivenmanden worden geladen zodat een motorrijder ze naar het front kan voeren. – Pigeon baskets are filled for a motorcyclist setting out to the front. (Imperial War Museum, Q 8878)

47 Een Franse postduif van het 22 Battalion AIF. - A French army carrier pigeon from the 22 Battalion AIF. (Australian War Memorial, REL/10638)

ter wereld. Wanneer ze vanuit de loopgraaf vertrekken worden ze onmiddellijk aan vijandelijk vuur blootgesteld. In vergelijking met dieren zijn koeriers betrekkelijk traag. Hun berichten zijn bij aankomst soms gedateerd of onvolledig. Maar ze kunnen wel kaartlezen, logisch nadenken en inspelen op veranderende situaties. Verder van het front maken koeriers ook gebruik van het paard, de fiets of de motor[62]. Wanneer de situatie te gevaarlijk wordt voor koeriers, is het aan de duif of de hond om deze taak over te nemen. Beiden worden minder snel door vijandelijk vuur getroffen en bezitten nuttige vaardigheden, denk maar aan snelheid, uithoudingsvermogen, oriëntatievermogen en het nemen van hindernissen op het terrein[63].

Duiven

Duiven worden in een duivenmand van hun mobiele of vaste til naar de loopgraven gebracht. Het bericht wordt in een kokertje of buideltje aan hun poot bevestigd, waarna meestal twee duiven gelost worden en terugvliegen naar hun duiventil[64]. Militairen nummeren vaak de berichten en sturen meestal een kopie van de vorige boodschap mee.

soon as they left the trench they were exposed to enemy fire. In comparison with animals, human couriers are rather slow and their messages could be outdated or incomplete on arrival, but they can read maps, think logically and adapt to changing situations. Further away from the Front, couriers could use horses, bicycles or motorbikes[62]. When a situation was considered too dangerous for human couriers, pigeons or dogs could be employed, as both are less likely to be hit by enemy fire and have abilities such as speed, endurance, a good sense of direction and the skills to negotiate obstacles in the field[63].

Pigeons

Pigeons were carried from their mobile or fixed dovecote into the trenches in cages. Messages were tied to their legs in a small cylinder or pouch, and then usually two pigeons were released to fly back to their dovecote[64]. Soldiers often numbered the messages and included a copy of the previous message. To send messages further back, many aeroplanes, boats and sometimes even tanks were provided

Om boodschappen naar het achterland over te brengen worden ook veel vliegtuigen, boten en soms zelfs tanks voorzien van postduiven[65]. Tijdens de Eerste Wereldoorlog worden zo'n 300.000 duiven ingezet.[66]

In het bezette gebied vormt de duif een grote bedreiging voor de Duitsers. Via duiven kan men immers de vijand op de hoogte brengen. Al snel verschijnen aanplakbrieven met een verbod om duiven te houden. Mensen die niet gehoorzamen, krijgen een geldboete of worden gedeporteerd. Maar ook executies zijn geen uitzondering bij verdenking op spionage[67].

Honden

Honden zijn na een maand training klaar om als boodschapper aan het front dienst te doen. Een militair neemt de honden mee naar de loopgraven en voorziet ze dan enkel van water. De hond loopt terug met de boodschap in een koker aan de hals en zoekt achter het front zijn baasje op. Na afgifte van het bericht, wordt de hond door zijn baasje beloond met voedsel[68]. Niet iedereen ziet echter het nut in van honden als boodschapper. Er zijn zelfs voor-

49 Zicht op een kennel met koerierhonden te Etaples, 20 april 1918. – General view of messenger dog kennels at Etaples, 20 April 1918. (Imperial War Museum, Q 29558)

beelden gekend van officieren die honden eigenhandig doodschieten wegens 'nutteloos'.

Honden worden eveneens ingezet om kapotte telefoonlijnen te vervangen. Op hun rug krijgen ze een bobijn met de telefoonkabel. De hond baant zich een weg door het verwoeste landschap terwijl de bobijn afrolt. Op die manier kan de communicatie hersteld worden. Honden dienen voor dit soort missies heel goed opgeleid te

50 Een Duitse koerierhond springt over een loopgraaf, mei 1917. –
A German messenger dog leaps a trench, May 1917.
(Imperial War Museum, Q 50649)

Dogs

It took a month to train a dog to serve as a courier at the front. A soldier would take the dog to the trenches and provide it only with water. The dog would run back with a message in a cylinder on its collar and seek out its master. Having delivered the message, the dog was rewarded with food[68]. Not everyone recognised the usefulness of dogs as messengers, though; there were instances of officers shooting dogs because they considered them 'useless'. Dogs were also put into action replacing destroyed telephone wires. A coil of wire was attached to the dog's back which would unwind as it crossed the devastated landscape, thus restoring the means of communication. The dogs had to be very well-trained for this task, as they needed to be able to act quickly and effectively[69]. The dogs' living conditions left much to be desired, so it is little wonder that there were many casualties among those loyal four-footed friends. On the German side, 20,000 out of 30,000 military dogs became war casualties[70].

with pigeons[65]. During the First World War, approximately 300,000 pigeons were sent into action[66].

In the occupied areas, the Germans considered pigeons to be a serious threat because of their usefulness for sending messages to the enemy and soon notices were put up prohibiting the keeping of pigeons. People who did not comply were liable to a financial penalty or even deportation; even executions were no exception when spying was suspected[67].

51 Een Duitser laat een hond met behulp van een speciale bobijn telefoondraad leggen vanuit een loopgraaf. –
A German signaller releasing a dog carrying an apparatus for laying telephone wires from a trench.
(Imperial War Museum, Q 50670)

52 Elastolin Figur Meldehund
und Meldegänger'.
(MMP1917)

worden. Ze moeten snel en adequaat kunnen handelen[69]. De leefomstandigheden laten ook voor honden vaak te wensen over. Het is dan niet verwonderlijk dat onder de trouwe viervoeters veel slachtoffers vallen. Aan Duitse zijde worden 20.000 van de 30.000 militaire honden slachtoffer van de oorlog[70].

De vriendschappen tussen mens en dier zorgen er meestal voor dat de oorlog voor militairen iets draaglijker wordt. Dit is ook merkbaar in de herdenkingsmonumenten die voor dieren zijn opgericht. Onder andere in Brussel, Charleroi en Lille (Frankrijk) staat er een monument dat uitsluitend aan oorlogsduiven is gewijd[71].

Companionships between man and animal could make the war a bit more bearable for the soldiers and this can be seen today in the commemorative monuments that have been erected for animals. Among other places, Brussels, Charleroi and Lille (France) have monuments dedicated exclusively to war pigeons[71].

In de ochtend van 8 oktober 1914 gooit commandant Dunuit, hoofd van de Belgische postduivendienst, een brandende toorts in de grote duiventil van Antwerpen. Met tranen in de ogen ziet hij hoe 2.500 duiven levend verbrand worden, om te voorkomen dat ze in Duitse handen zouden vallen. Die middag veroveren de Duitsers Antwerpen[72].

On the morning of 8 October 1914, Commandant Dunuit, head of the Belgian carrier pigeon service, threw a burning torch into the large dovecote in Antwerp. With tears in his eyes he watched 2,500 pigeons burn to death, to prevent them from falling in German hands. At noon that day the Germans captured Antwerp[72].

53 Vaste duiventillen worden vaak aangevuld met mobiele exemplaren, zoals deze in een Signal Pigeons Camp, 11 september 1917. –
Dovecots are often supplemented with mobile units such as this one in a Signal Pigeons Camp, 11 September 1917. (Imperial War Museum, Q 29539)

DE POSTDUIF 'CHER AMI'

Cher Ami brengt twaalf berichten over en redt met haar laatste bericht 194 Amerikaanse militairen ternauwernood van de dood. Op 3 oktober 1918 zit het 77ste New York Infantry Battalion ingesloten achter de vijandelijke linies. De situatie wordt nog erger wanneer ze door eigen artillerie bestookt worden. Vóór Cher Ami worden twee duiven uitgestuurd, maar deze worden neergehaald. Cher Ami is hun laatste redding. Op de terugweg wordt ze in de borst geraakt en verliest ze een pootje, maar ze zet door. Gehavend bereikt ze haar doel en wordt ze met het Franse 'Croix de Guerre' beloond. In het Franse leger krijgen verschillende duiven het 'Croix de Guerre'. Omdat een medaille nogal onpraktisch is, wordt een gekleurd lintje rond de poot bevestigd[73]. Cher Ami overlijdt in 1919[74].

THE CARRIER PIGEON 'CHER AMI'

Cher Ami carried twelve messages and narrowly saved the lives of 194 American soldiers with its final message. On 3 October 1918, the 77th New York Infantry Battalion was trapped behind enemy lines; the situation got even worse when they were shelled by their own artillery. Before Cher Ami, two pigeons were released, only to be shot down; Cher Ami was their last chance. On the way back, it was hit in the chest and lost a leg, but did not give up. In shreds, it reached its goal and was rewarded with the French 'Croix de Guerre'. In the French army, several other pigeons were awarded the 'Croix de Guerre'. Because a medal is rather impractical, a coloured ribbon was fixed around the bird's leg[73]. Cher Ami died in 1919[74].

Auditieve en visuele communicatiemiddelen

Auditory and visual means of communication

← 54 Signallers van de 1st Battery Australian Field Artillery nabij Sterling Castle in Ieper, 1917. –
Signallers of the 1st Battery Australian Field Artillery near Sterling Castle in Ypres, 1917.
(Australian War Memorial, H17022C)

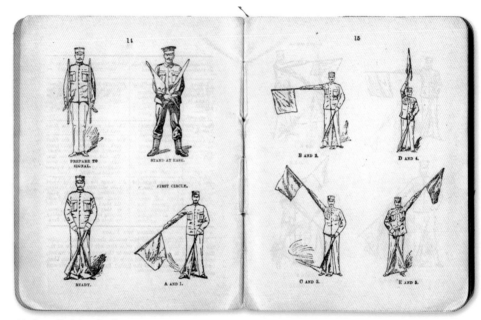

56 Een militair handboek uit 1914 met instructies over het seinen met vlaggen. –
A military handbook from 1914 showing how to give signals using flags.
(MMP1917)

55 Brits mouwkenteken Signaller, in kaki stof met twee opgenaaide vlaggen. -
A British Signaller sleeve sign, in khaki with two sewed flags.
(MMP1917)

Een uitgebreid communicatienetwerk is een absolute voorwaarde om een oorlog op een breed front te voeren. In het begin van de oorlog wordt nog gewerkt met visuele transmissiemethoden zoals vlaggen, maar dit blijkt algauw gevaarlijk en inefficiënt. Telegrafie en telefonie worden heel populair en ook draagbare radiotoestellen worden tegen het einde van de oorlog steeds meer gebruikt. In 1914 beschikt het Franse leger over 50 radiotoestellen, tegen 1918 zijn er dat 30.000. Aanvankelijk vormt de communicatie in het leger geen aparte afdeling en wordt het vooral opgevangen door gespecialiseerde geniebataljons. De technologische vooruitgang is dan ook merkbaar in het toenemend aantal communicatiespecialisten en -diensten. Zo groeien de Duitse transmissie- troepen uit van 6.300 tot 190.000 manschappen tegen het einde van de oorlog[75].

Telefonie en telegrafie

Één van de redenen waarom de telefoon een populair hulpmiddel wordt, is dat vrijwel elke soldaat, in tegen-

An extensive communication network is imperative in order to wage war on a wide front. At the start of the war, visual methods of communication such as flags were still used, but it quickly became apparent that this could be dangerous and inefficient. Telegraph and telephone become very popular and by the end of the war, portable radios were in common use. In 1914, the French army had 50 radios; by 1918 they had 30,000. At first, communication in the army was not dealt with by a specific department and was mainly carried out by specialized engineers' battalions. Technological progress can also be seen in the growing number of communication experts and services. The numbers of German transmission troops, for instance, increased from 6,300 to 190,000 men by the end of the war[75].

Telephone and telegraph

One of the reasons why the telephone became such a popular aid, is that almost every soldier could work one, in contrast to the more complex telegraph. There was

57 M1915 Telegrafist Jacke, 2. Telegraphen-
Bataillon / Tschako M1915 mit Überzug
/ Aufspulgerät für Telegraphenschloss +
Kabelspule / Ersatz Telegraphenkoppel-
schloss in Eisen M1915 (Duits - German)
(Collectie – collection E.R.)

59 Signal Engineers verlaten een signal
office met een bobijn kabel bij
Westhoek, Zonnebeke, 26 september
1917. – Signal Engineers leaving a
signal office on Westhoek Ridge,
Zonnebeke, 26 September 1917.
(Australian War Memorial, E00798).

58 L > R: Aufspulgerät und Kabelspule (D) /
Feldfernsprecher 1916 (D) / Zusatzkasten
zum Armeefernsprecher, neuer Art (D) / Field
Telephone Type D Mark III (GB) / Fullerphone
Mark III (GB) (MMP1917)

stelling tot de telegraaf, een telefoon kan bedienen. Er is geen behoefte aan een langdurige training en specialisten. Door de stellingenoorlog wordt het communicatienetwerk sterk uitgebreid en gereglementeerd. De telefoon wordt stilaan onmisbaar, in het bijzonder bij de verbinding tussen waarnemer en artillerie[76]. Samen met de telefoon is telegrafie het belangrijkste militaire communicatiemiddel tijdens de Eerste Wereldoorlog. Hoewel een telegraaf heel effectief is, moet een bericht geschreven en gecodeerd, verstuurd en daarna gedecodeerd worden. De lange tijd-spanne voor het overbrengen van een bericht is een groot nadeel[77].

Zowel de telefoon als de telegraaf zijn licht en mobiel maar zijn afhankelijk van bekabeling. De bedrading is niet altijd even betrouwbaar en kan om verschillende redenen stuk gaan, vooral door artilleriebeschietingen. Kabels worden dan ook vaak in de grond gestopt. Maar zelfs dan is het niet ondenkbaar dat transmissietroepen tot 40 draden per dag moeten herstellen[78].

no need for a long training period and expert tuition. In trench warfare, communication networks were regulated and extended considerably. The telephone gradually became indispensable, particularly for communication between observers and artillery[76]. Together with the telephone, the telegraph was the most important military means of communication during World War One. Although the telegraph was very efficient, a message had to be written and coded, sent and then decoded; the time this took could be a major drawback[77].

Both telephone and telegraph apparatuses were light and mobile but dependent on wiring. Wires were not always reliable and could be destroyed by various means, especially by artillery shelling, so they were often put underground, but even then it was normal for transmission troops to have to repair up to 40 wires per day[78].

From 1914 to 1918 the German army used six million kilometers of well-insulated and protected telephone and telegraph wires[79].

60 Heliograaf type 5-inch Mk V
en statief. - Heliograph
Type 5-inch Mk V and Tripod.
(Brits - British)
(MMP1917)

62 Britse soldaten langs de Menenstraat, Zonnebeke, geven signalen
door tussen achterliggende linies en het front, 1918. – British
soldiers along the Menin Road, Zonnebeke, signalling between
support and front lines, 1918.
(Australian War Memorial, H09321)

61 Webley & Scott Mk III seinpistool.
- Webley & Scott Mk III flare pistol.
(MMP1917)

Van 1914 tot 1918 gebruikt het Duitse leger zes miljoen kilometer telefoon- en telegrafiekabels. Hiervoor gebruiken ze goed geïsoleerde en beschermde bedrading[79].

Lichtsignalisatie

Daarom blijft tijdens de 'moderne' Eerste Wereldoorlog, lichtsignalisatie populair. Wanneer artillerievuur de bedrading verwoest of de situatie het niet toelaat om bekabeling te leggen, is men aangewezen op het gebruik van lichtbakens met wisselplaten en knipperlichten. In noodsituaties worden er af en toe ook zaklampen, helio-grafen of mijnlampen gebruikt. Lichtsignalen kunnen ten slotte ook via seinpistolen worden afgeschoten. Via verschillende kleuren kunnen diverse bevelen gegeven worden[80].

Radio

In 1914 worden slechts enkele radiostations gebruikt. De radio's zijn aanvankelijk te log en te broos om ze te velde te gebruiken. Daarom worden ze vooral in de scheep-

Light signals

Thus, during the 'modern' First World War, the use of light signals remained popular. When artillery fire destroyed wiring, or the situation did not permit the laying of wires, signals were sent using beacons with interchangeable plates and flashing lights. In emergency situations, torches, heliographs or miner's lamps could also be used and light signals could be fired from flare guns. Orders could be given by the use of different colours[80].

Radio

In 1914, very few radio transmitters were in use. The equipment was fragile and too cumbersome to use in the field, therefore they were mainly used for navigation and later, in aviation. Reconnaissance aircraft, for instance, could transmit enemy positions to their own artillery via the radio, or drop cylinder messages. Only by the end of the war were the appliances strong and small enough to put them into action with the infantry. Radio traffic

64 Een radioverbinding naast een tank bij Inverness Copse, Zonnebeke, 20 september 1917. –
A wireless signalling device near a tank at Inverness Copse, Zonnebeke, 20 September 1917.
(Australian War Memorial, E03932)

63 Elementprüfer M1917 (Duits - German)
(Collectie – collection E.R.)

vaart en later in de luchtvaart gebruikt. Verkennings-
vliegtuigen geven bijvoorbeeld via de radio of gedropte
kokerberichten vijandelijke posities door aan de eigen
artillerie. Pas naar het einde van de oorlog zijn de
toestellen sterk en klein genoeg om ze bij de infanterie in
te zetten. Radioverkeer komt steeds meer voor en wordt
een integraal onderdeel van het communicatienetwerk.
Het kleinste radiotoestel heeft een bereik van één tot twee
kilometer, een groot toestel heeft een bereik van drie tot
tien kilometer. Op vlak van geheimhouding is de radio
een eerder onbetrouwbaar toestel, zeker in het begin van
de oorlog. Vaak worden ongecodeerde boodschappen
doorgegeven en is de kans op onderschepping door de
vijand dus ook groter[81].

increased and became an integral part of the communication network; the smallest radio had a range of one to
two kilometers; a large one could broadcast from three to
ten kilometers. As far as secrecy was concerned, especially early in the war, the radio was a rather unreliable
appliance, when un-coded messages were sent and stood a
good chance of being intercepted by the enemy[81].

65 Britse houten ratel om gasalarm te slaan. -
British wooden rattle to warn about a gas attack.
(MMP1917)

66 Signal lamp Lucas 1918 Mk II.
(MMP1917)

Op 6 november 1917 banen de Canadezen van het 27ste Battalion uit Winnipeg zich vanaf Crest Farm een weg naar de kerk van Passendale. Na hevige weerstand bereiken ze anderhalf uur later hun einddoel.

On 6 November 1917, the Canadians of the 27th Battalion from Winnipeg cleared a path from Crest Farm to the church at Passchendaele. After heavy resistance, they reached their final objective an hour and a half later.

A lamp visual station was established at Passchendaele Church and proved useful th[r]ough the smoke etc., from the continuous shelling interfered seriously wi[th] the receiving of messages. No telephone[s] were able to be run forward from Battalion Headquarters owing to the distance and the impossibility of maintaining lines under the heavy shell fire which swept the area through which lines would have to be run.

(War Diary 27th Canadian Infantry Battalion, 07/11/1917)

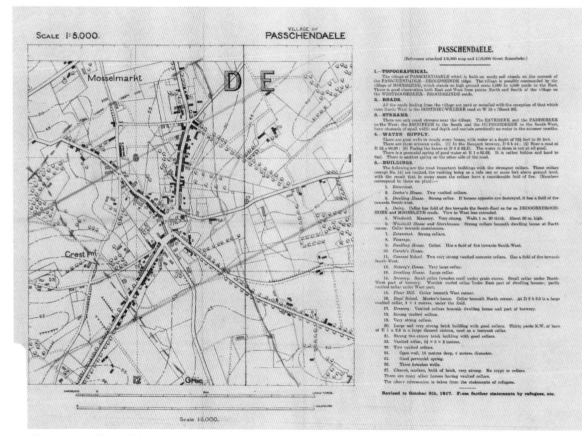

67 Plan van Passendale met bijhorende informatie gebaseerd op verklaringen van vluchtelingen. –
Plan of Passendale with accompanying information based on statements of refugees. (MMP1917)

Inlichtingendiensten en informatievergaring

Intelligence services and information gathering

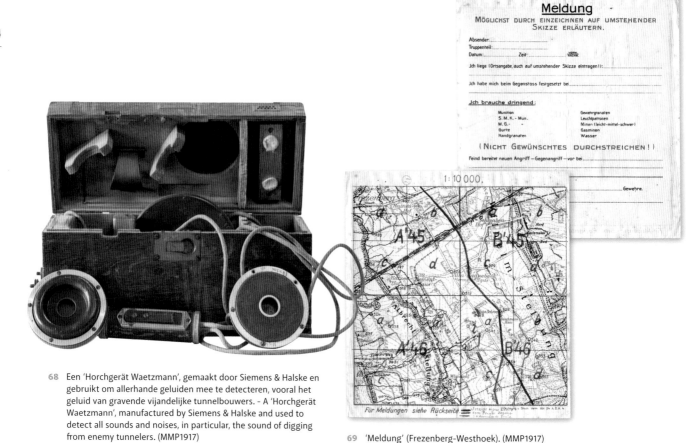

68 Een 'Horchgerät Waetzmann', gemaakt door Siemens & Halske en gebruikt om allerhande geluiden mee te detecteren, vooral het geluid van gravende vijandelijke tunnelbouwers. - A 'Horchgerät Waetzmann', manufactured by Siemens & Halske and used to detect all sounds and noises, in particular, the sound of digging from enemy tunnelers. (MMP1917)

69 'Meldung' (Frezenberg-Westhoek). (MMP1917)

Via het moderne communicatienetwerk kunnen talloze deelnemers met elkaar communiceren, maar het netwerk biedt ook evenveel mogelijkheden om deze gespreken af te luisteren. Het aftappen van telefoonverbindingen is een hachelijke onderneming want hiervoor moet men in het vijandelijke gebied doordringen. Vanaf 1915 bouwen de Duitsers 'Arendt-Stationen' uit. Dit zijn vooruitgeschoven posten in de voorste linies waar telefoontaps geplaatst worden. Wanneer de vijand slecht geïsoleerde telefoonkabels gebruikt, kan het geluid via de bodem opgevangen en opnieuw omgezet worden in duidelijke verstaanbare taal. Telefoonkabels kan men fysisch gaan beschermen en isoleren, maar bij radio is er geen tastbare verbinding tussen zender en ontvanger[82]. Geen enkel leger heeft bij de start van de oorlog een codetaal die zowel veilig als efficiënt is voor draadloze berichtgeving[83]. Evenals de Duitsers gaan de Britse *Room 40* en het Franse *Bureau des Chiffres* hun vijand afluisteren. De opgevangen berichten worden verzameld, geanalyseerd en codes worden gekraakt[84].

Through the modern communication network, numerous participants were able communicate with each other, but the network also offered many possibilities for listening in on these conversations. Tapping telephone communications was a precarious undertaking as one had to penetrate into enemy territory for the purpose. From 1915, the Germans build *'Arendt-Stationen',* outposts in the front lines where telephone taps were placed. If the enemy used poorly-insulated telephone wires, the sound could be picked up through the ground and 'translated' into clear, comprehensible language again. Telephone wires could be physically protected and insulated, but radio has no tangible connection between sender and receiver[82]. At the outbreak of the war, no army had developed a secure and efficient wireless code[83]. Just like the Germans, the British *Room 40* and the French *Bureau des Chiffres* listened in on their enemy; each picked up messages to be analyzed and codes to be broken[84].

70 Detail van een uitgebreid inlichtingenrapport, gemaakt in functie van de Derde Slag om Ieper. – Detail of an intelligence report made to prepare the Third Battle of Ypres. (The National Archives, WO 157-424) ↓

71 Otto Farm in Zonnebeke tijdens de Derde Slag om Ieper. Details uit een instructieboek over de interpretatie van luchtfoto's. – Otto Farm in Zonnebeke during the Third Battle of Ypres. Details from an instruction book about the interpretation of aerial pictures. (MMP1917)

Intelligence reports

Naast gecodeerde berichten worden allerhande gegevens via andere manieren verzameld. Britten spannen hierin de kroon met hun *Intelligence reports*. Zo worden onder andere krijgsgevangenen verhoord, vooroorlogse plannen en kaarten geraadpleegd en gaat men uitgeweken dorpelingen ondervragen. Zeker bij toekomstige offensieven worden uitgebreide *Intelligence reports* samengesteld. De meest gebruikte techniek om informatie over de vijand te verkrijgen, is echter het nemen van luchtfoto's. Eind 1915 wordt deze techniek bij alle legers fors opgedreven[85].

Spionage

Niet alleen aan het front maar ook in het achterland wordt informatie verzameld. Reeds voor de oorlog worden spionnen getraind en in het buitenland gestationeerd. Zowel Britse, Franse, Belgische als Duitse inlichtingendiensten maken gebruik van spionage en contraspionage.

Intelligence reports

Apart from coded messages, all kinds of information was collected by other means. The British had the best quality intelligence reports, gained by interrogating prisoners of war, consulting pre-war plans and maps and questioning people who had left their home towns. Extensive reports were compiled, particularly before big offensives. The most common technique for gathering information about the enemy, however, was by by aerial photography. By the end of 1915, this technique was used widely by all armies[85].

Espionage

Information was gathered not just at the Front, but also far behind the lines and even before the war, spies were being trained and stationed abroad; British, French, Belgian and German intelligence services used espionage and counter-espionage.

CARL HANS LODY (1877-1914)

Tijdens de eerste maanden van de oorlog werkt Carl Hans Lody als Duitse spion in Groot-Brittannië. Carl wordt geboren op 20 januari 1877 en verliest op heel jonge leeftijd zijn ouders. Wanneer hij 16 jaar is, treedt hij in dienst van de Keizerlijke Duitse Marine. Wegens zijn zwakke gezondheid moet Carl zijn carrière stopzetten, maar hij blijft in dienst bij de reserve van de Marine. Hij huwt met een Duits-Amerikaanse vrouw, maar het huwelijk houdt niet lang stand. Enkele maanden voor het uitbreken van de oorlog, wordt Lody ingelijfd bij de Duitse geheime dienst. Dankzij zijn vloeiend Engels met een Amerikaans accent en een gestolen Amerikaans paspoort, komt hij in Groot-Brittannië terecht waar hij de Royal Navy bespioneert. Aangezien Carl geen opleiding kreeg, duurt het slechts enkele dagen voor de Britse autoriteiten hem op de hielen zitten. Zijn ongecodeerde berichten kunnen al snel getraceerd worden naar een adres in Stockholm. De Britten laten hem even begaan, in de hoop een groter spionagenetwerk op te rollen. Vanaf een bepaald moment bevatten de berichten te gedetailleerde informatie en na een maand wordt Lody opgepakt. Hij wordt publiekelijk berecht en ter dood veroordeeld. Op 6 november 1914 wordt Carl Hans Lody geëxecuteerd in de Tower of London[86].

CARL HANS LODY (1877-1914)

During the first months of the war, Carl Hans Lody worked as a German spy in Great Britain. Carlwas born on 20 January 1877 and lost his parents at a very young age. At the age of 16, he joined the Imperial German Navy, but had to give up his career because of poor health, although he remained in service with the Naval Reserve. He married a German-American woman, but the marriage was short-lived. A couple of months before the outbreak of war, Lody was drafted into the German Secret Service. With his fluent American-accented English and a stolen American passport, he arrived in Great Britain where he spied on the Royal Navy. Since Carl had had no training, it only took a few days before the British authorities were breathing down his neck and his un-coded messages were soon traced to an address in Stockholm. The British let him go for a while, in the hope of rounding up a larger espionage network, but the messages started to contain too much detailed information and after a month Lody was arrested. He was tried in public and sentenced to death; on 6 November 1914, Carl Hans Lody was executed in the Tower of London[86].

72 Carl Hans Lody.

GABRIELLE PETIT (1883-1916)

Gabrielle 'Gaby' Petit wordt in 1883 geboren in Doornik. Op jonge leeftijd verliest ze haar moeder en wordt ze door haar vader in een weeshuis achtergelaten. De eigenzinnige Gabrielle leert al heel snel haar eigen boontjes doppen. Nadat haar verloofde in het begin van de oorlog gewond raakt, kan het koppel vluchten naar Nederland. Gabrielle is in die periode al gerekruteerd door de *British Intelligence Service*. In Groot-Brittannië krijgt ze een korte, intensieve opleiding als spionne. In de zomer van 1915 is 'Gaby' terug in België waar ze aan de slag gaat als spoorwegspionne in de streek tussen Ieper en Maubeuge (Frankrijk).

Haar job bestaat erin het vijandelijk gebied te observeren om zo bewegingen, posities en de sterkte van Duitse troepen en technische gegevens door te geven. Ze moet zich voortdurend vermommen, niet zelden als man, en neemt ook vaak schuilnamen aan, zoals 'Legrand'. Daarnaast werkt de spionne als koerier voor het sluikblad *La Libre Belgique* en voor de ondergrondse postdienst *Mot du Soldat*. Ten slotte zet ze zich ook in om samen met anderen een vluchtroute naar Nederland op te zetten. Haar rapporten schrijft ze op kleine blaadjes zijdepapier die ze in haar kledij verstopt. De Duitse contraspionage zit Gabrielle echter op de hielen. In januari 1916 loopt ze in de val. Ze wordt gearresteerd en ondervraagd. 'Gaby' weigert andere namen of informatie prijs te geven. Op 1 april 1916 wordt de Belgische spionne en verzetsstrijder Gabrielle Petit door het Duitse leger gefusilleerd. Opstandig en eigenzinnig zoals ze is weigert ze een blinddoek. Ze is amper 23 jaar oud.

Het nieuws over de terechtstelling wordt pas na de oorlog bekendgemaakt. Gabrielle groeit daarna uit tot een icoon van patriottische zelfopoffering en moed, een martelaar voor het vaderland. In juli 1923 wordt een standbeeld van Gabrielle Petit onthuld op het Sint-Jansplein in Brussel. Op de sokkel staan haar laatste woorden gebeiteld: "*Je leur montrerai comment une femme Belge sait mourir*"[87].

GABRIELLE PETIT (1883-1916)

Gabrielle 'Gaby' Petit was born in Tournai in 1883. She lost her mother at a young age and was sent by her father to an orphanage, where she soon learned to look after herself. After her fiancé was wounded at the beginning of the war, the couple managed to escape to Holland, by which time Gabrielle had been recruited by the British Intelligence Service. In Great Britain she underwent a short intensive training period in espionage and in the summer of 1915, was back in Belgium, where she worked as a railway spy in the region between Ypres and Maubeuge (France).
Her job consisted of observing enemy territory and sending details of German movements, positions, troop strength and technical data. She had to disguise herself all the time, frequently as a man, and often adopted false names, such as 'Legrand'. As well as that, she worked as a courier for the clandestine paper *La Libre Belgique (Free Belgium)* and for the underground postal service *Mot du Soldat (The Soldier's Word)*. Finally, she also committed herself, together with others, to establishing an escape route into Holland. She wrote her reports on small pages of tissue paper which she concealed in her clothes. The German counter intelligence, however, was suspicious of her and in January 1916, she fell into a trap and was arrested and interrogated. 'Gaby' refused to give up names or information; on 1 April 1916, the Belgian spy and member of the resistance was executed by the German army. Rebellious and stubborn as she was, she refused a blindfold; she was just 23 years old.

The news about the execution was only released after the war. Gabrielle then became an icon of patriotic self-sacrifice and courage; a martyr for the nation. In July 1923, a monument to her was unveiled at the Sint-Jansplein in Brussels. On the plinth her final words are inscribed: *"Je leur montrerai comment une femme Belge sait mourir" (I will show them how a Belgian woman knows how to die)*[87].

73 Gabrielle Petit.

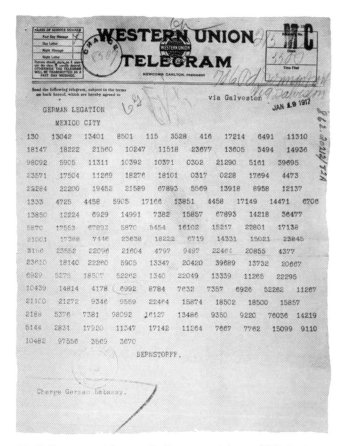

ZIMMERMANN TELEGRAM

In januari 1917 ontcijferen Britse cryptografen een telegram van de Buitenlandse minister van Duitsland, Arthur Zimmermann, naar de Duitse ambassadeur in Mexico, von Eckhardt. In de telegram wordt grondgebied van de Verenigde Staten beloofd aan Mexico indien zij de kant van Duitsland kiezen.

De telegram is voor de Amerikanen de druppel die de emmer doet overlopen. De Verenigde Staten verklaren op 6 april 1917 de oorlog aan Duitsland. De Amerikaanse deelname is uiteindelijk beslissend voor het verdere verloop van de oorlog[88].

ZIMMERMANN TELEGRAM

In January 1917, British cryptographers decoded a telegram from the German Foreign Secretary, Arthur Zimmermann, to the German ambassador in Mexico, von Eckhardt. In the telegram, territory of the United States was promised to Mexico if they would take Germany's side in the war.

This was the last straw for the United States and they declared war on Germany on 6 April 1917. American participation was eventually decisive in the future course of the war[88].

CHOCTAW

Tijdens de Eerste Wereldoorlog vechten vanaf 1917
verschillende indianenstammen mee met de Amerikanen. Net zoals de meeste stammen hebben ook de
Choctaw een eigen taal. Achttien Choctaws worden
ingezet als codeur. Via de radio kunnen op deze
manier snel en efficiënt 'gecodeerde' berichten doorgegeven worden. De Duitsers kunnen de berichten
dan misschien wel onderscheppen, maar ze verstaan
niets van deze vreemde taal. Ter ere van deze code
sprekers werd in Tushka Homma, Oklahoma, een
monument opgericht[89].

CHOCTAW

From 1917, several native American tribes fought
with the US Army, including native speakers of the
Choctaw language. Eighteen Choctaws were sent into
action as coders and over the radio 'coded' messages
in their own language could be be transmitted
quickly and efficiently. Any messages in Choctaw
intercepted by the Germans could not be understood.
In honour of these coders, a monument was erected
in Tuskahoma, Oklahoma in 1995[89].

Wat heeft de Eerste Wereldoorlog teweeg gebracht op gebied van communicatie?

What has World War One achieved in the way of communication?

← 75 Britse soldaten zoeken contact met het achterland met behulp van lichtsignalisatie, 1918. –
British soldiers searching contact with the support line using visual signalling, 1918.
(Australian War Memorial, H09322)

Vandaag kunnen wij met één muisklik gebeurtenissen in het buitenland live volgen of in contact komen met iemand aan de andere kant van de wereld. Termen zoals Facebook, Twitter en Skype klinken ons allemaal bekend in de oren. De tijd dat onze leefwereld zich beperkte tot onze eigen gemeente of dorp ligt ver achter ons. Omdat mannen uit alle hoeken van de wereld betrokken zijn in de Eerste Wereldoorlog, worden de dorpsgrenzen voorgoed doorbroken. De (r)evolutie op communicatief vlak zorgt voor een extra impuls bij deze globalisatie.

De Eerste Wereldoorlog wordt gekenmerkt door een enorme technische vooruitgang op vlak van communicatie aan de ene kant en het inperken ervan door censuur en sabotage aan de andere kant.

Door de enorme evolutie in fototechniek wordt de Eerste Wereldoorlog de eerste uitvoerig fotografisch gedocumenteerde oorlog in de wereldgeschiedenis. Vooral aan het front, maar later ook in de pers en aan het thuisfront, worden foto's uitgebreid gebruikt. Naast een technische vooruitgang, wordt er ook vooruitgang geboekt in het interpreteren en lezen van verkenningsfoto's. Elke foto die aan het thuisfront verschijnt, is echter onderhevig aan censuur. Het beeld dat de bevolking te zien krijgt van de oorlog wordt nauwkeuring gereguleerd.

Op wereldvlak wordt de publieke opinie op verschillende manier beïnvloed, overtuigd, gemobiliseerd en gemotiveerd. De geïllustreerde poster is hiervoor het propagandawapen bij uitstek. In bezet gebied zorgen aanplakbrieven met verordeningen, boetes, mededelingen en verboden er dan weer voor dat de bevolking onder de knoet gehouden kan worden. Het meest effectieve wapen tijdens de Eerste Wereldoorlog is niet de artillerie maar het moreel. Later laat Hitler zich inspireren door de Britse propaganda uit de Eerste Wereldoorlog en stelt tijdens de Tweede Wereldoorlog Goebbels aan als Minister van Propaganda.

De Eerste Wereldoorlog wordt gezien als de eerste 'moderne' oorlog. Naast een uitgebreidere werking van de telefoon en telegrafie, kent de radio een grote opmars. Radioverkeer komt steeds meer voor en wordt een

Today we can follow events abroad live or contact someone on the other side of the world with just one mouse click; we are familiar with terms such as Facebook, Twitter and Skype and the time when our living world was limited to our own area or village is far behind us. Because men from all corners of the world were involved in the First World War, village boundaries were breached forever. The (r)evolution in communication gave an extra impulse to this globalization.

The First World War was characterized by enormous technical progress in communication on one hand, and curtailing it by censorship and sabotage on the other. Due to the rapid evolution in photographic techniques, the First World War was the first photographically-documented war in global history. Particularly at the Front, but later also in the Press and at home, photography was used extensively. Apart from technical advances, progress was also made in interpreting and reading reconnaissance photos. Every picture that appeared back home, however, had been subject to censorship; the images of the war that the people were allowed to see were closely controlled. On a global scale, public opinion could be influenced, convinced, mobilized and motivated in different ways The illustrated poster was the most suitable propaganda weapon for this purpose; in occupied territories, notice boards displaying orders, penalties, announcements and prohibitions ensured that the population could be strictly controlled. The most effective weapon during World War One was not the artillery, but morale. Later, Hitler would find inspiration in the British propaganda from the First World War and appoint Goebbels as Minister of Propaganda during the Second World War.

The First World War is considered to be the first 'modern' war. Apart from much more extensive use of the telephone and telegraph, radio began its great advance. Radio traffic increased and became an integral part of the communication network, which also caused a shift in personnel. There was a need for specialized services such as the Royal Corps of Signals, Sapeurs Télégraphistes or the Regiment Transmission Troops. When modern

integraal onderdeel van het communicatienetwerk. Dit brengt ook een verschuiving in personeel met zich mee. Er is nood aan gespecialiseerde diensten zoals the Royal Corps of Signals, Sapeurs Télégraphistes of het Regiment Transmissietroepen. Wanneer de moderne technieken falen of wegens omstandigheden niet bruikbaar zijn, valt men terug op oude communicatiemiddelen. Tijdens de Eerste Wereldoorlog krijgt je een harmonieuze samenwerking tussen moderne en bestaande communicatiemiddelen.

De evolutie in communicatie verandert voorgoed de oorlogsvoering. Door de communicatie tussen luchtmacht, artillerie en infanterie ontstaan er beter gecoördineerde acties. Later komen hier zelfs tanks bij. Het succes van de Blitzkrieg tijdens de Tweede Wereldoorlog is vooral te danken aan de vlotte samenwerking tussen tanks en luchtmacht waarbij communicatie een cruciale rol speelt. Tot op vandaag blijft communicatie zich verder ontwikkelen op gebied van oorlogsvoering, denk bijvoorbeeld aan satellietbeelden of rechtstreekse camerabeelden van infanterietroepen.

techniques fail or cannot be used due to circumstances, old means of communication are resurrected. During the First World War there was a harmonious combination of modern and traditional means of communication.

The evolution in communication changed warfare forever. Because of improved and frequent communication between air force, artillery and infantry, better-coordinated actions become possible and later even tanks were involved. The success of the Blitzkrieg during the Second World War was mainly due to the smooth collaboration between tanks and the air force, in which communication played a crucial role. Up to this very day, communication keeps developing in warfare. Just think of satellite pictures or live camera feeds of infantry troops.

Bibliografie – Bibliography

Boeken – Books

- Barton P., *De slagvelden van Wereldoorlog I, van Ieper tot Passendale: het hele verhaal*, Lannoo, Tielt, 2008, 392 p.

- Best B., *Reporting from the front, war reporters during the Great War*, Pen & Sword Military, Barnsley, 2014, 193 p.

- Boghardt T., *Spies of the Kaiser: German covert operations in Great Britain during the First World War*, Palgrave Macmillan, Basingstoke, 1997, 224 p.

- Bulthe G., *De Vlaamse loopgravenpers tijdens de Eerste Wereldoorlog*, Koninklijk Museum van het Leger en van Krijgsgeschiedenis, Brussel, 1971, 124 p.

- Ceva M.-L., Loison K. en Prévost-Bault M.-P., *La Guerre des animaux, 1914-1918*, Historial de la Grande Guerre, Péronne, 2007, 79 p.

- Chielens P., Decoodt H. e.a., *Dead.Lines, oorlog, media en propaganda in de 20e eeuw*, Ludion, Gent-Amsterdam, 2002, 127 p.

- Cooper J., *Animals in War*, Imperial War Museum, Londen, 1983, 168 p.

- De Schaepdrijver S., *De Groote Oorlog, het Koninkrijk België tijdens de Eerste Wereldoorlog*, Atlas, Antwerpen, 1997, 366 p.

- Ferris J., *The British Army and signals intelligence during the first world war*, Army Records Society, Stroud, 1992, 359 p.

- Grisard A., *Geschiedenis van het Belgische leger van 1830 tot heden, deel I van 1830 tot 1919*, André Grisard, s.l., 1982, 398 p.

- Hadley F. en Pegler M., *Posters of the Great War*, Pen & Sword Military, Barnsley, 2013, 160 p.

- Hislop I. en Brown M., *The Wipers Times, the complete series of the famous wartime trench newspaper*, Little Books Ltd, Londen, 2006, 377 p.

- Ingelbrecht L., *Militair-strategisch belang van het landschap*, MMP1917, Zonnebeke, 2014, 46 p.

- Jander T. en Didczuneit V., *Netze des Krieges, Kommunikation 1914-1918*, Museumsteftung Post und Telekommunikation, Mathias Lempertz GmbH, Königswinter, 2014, 128 p.

- Kip G. en Pierik P., *Hellehonden en ander dierenleed 1914-1915, een ode aan het dier in oorlogstijd*, Aspekt, Soesterberg, 2014, 374 p.

- Laffin J., *World War I in postcards*, Alan Sutton, 1988, 201 p.

- Lassieur A., *The Choctaw Nation*, Capstone Press, Minnesota, 2001, 24 p.

- Massart J., *La presse clandestine dans la Belgique occupée*, Berger-Levrault, Parijs, 1917, 318 p.

- Meire J., *De stilte van de salient, de herinnering aan de Eerste Wereldoorlog rond Ieper*, Lannoo, Tielt, 2003, 460 p.

- Monestier M., *Les animaux-soldats, histoire militaire des animaux des origines à nos jours*, Le cherche midi éditeur, Parijs, 1996, 251 p.

- Nelson R., *German Soldier Newspapers of the First World War*, Cambridge University Press, Cambridge, 2011, 268 p.

- O'Keefe D., *Hurley at War, the photography and diaries of Frank Hurley in two world wars*, The Fairfax Library, Broadway, 1986, 160 p.

- Paddock R.E., *World War I and Propaganda*, Brill, Leiden – Boston, 2014, 360 p.

- Sheffield G., *De Eerste Wereldoorlog herdacht*, Carlton Books Limited, Londen, 2013, 131 p.

- Stichelbaut B. en Chielens P., *De oorlog vanuit de lucht, 1914-1918 het front in België*, Mercatorfonds, Brussel, 2013, 351 p.

- Van Damme P., *Vriend over vijand, de Grote Oorlog in spotprenten*, Lannoo, Tielt, 2013, 351 p.

- Vandenbogaerde S., *Een kijk op de administratiefrechtelijke organisatie van het 'Etappengebied' tijden de Eerste Wereldoorlog*, Masterproef, UGent, Gent, 2009-2010, p.7

- Van Lith H., *Ik denk altijd aan jou, prentbriefkaarten tussen front en thuisfront 1914-1918*, Aprilis, Zaltbommel, 2006, 216 p.

- Wadsworth J., *Letters from the trenches, the First World War by those who were there*, Pen & Sword Military, Barnsley, 2014, 184 p.

- Yammine B., Kranten als verboden vruchten, clandestiene pers floreert onder strenge Duitse censuur, in *de Oorlogskranten, Februari 1915 Strijden met de pen, de Belgische pers verscheurd*, deel 9, Cegesoma, Zellik, 2014

- Yammine B., Van liberaalste land tot Pruistische politiestaat, in *de Oorlogskranten, Een nieuwe gouverneur, Von Bissing en het Duitse bezettingsbestuur in België*, deel 8, Cegesoma, Zellik, 2014

- Vandenbussche S., *Vrouwen in de Groote Oorlog*, Stefaan Vandenbussche, s.l., 2008, p. 41

Internetbronnen – Internet sources

– Aflevering 5: postkantoor, in: <http://www.radio2.be/regio/antwerpen/wo1-in-de-provincie-antwerpen/week-7-communicatie>, geraadpleegd op 20/02/2015

– Dieren in de Grote Oorlog, in: <http://www.klm-mra.be/cdgho/nl/pdf/dossiernl.pdf>, geraadpleegd op 27/01/2015, 31 p.

– First World War Trench Journals, in:<http://www.canadiana.ca/en/ECO/trench-journals>, geraadpleegd op 06/02/2015

– Het dagelijkse leven tijdens de Eerste Wereldoorlog, in <http://www.vlaanderen.be/int/sites/iv.devlh.vlaanderen.be.int/files/documenten/Verslag%20workshop%20dagelijks%20leven%20tijdens%20wo1.pdf>, geraadpleegd op 09/02/2015

– How did 12 million letters reach WW1 soldiers each week?, in: <http://www.bbc.co.uk/guides/zqtmyrd>, geraadpleegd op 17/02/2015

– Kitchener: The most famous pointing finger, in: <http://www.bbc.com/news/magazine-28642846>, geraadpleegd op 17/02/2015

– Pigeon vs telephone: which worked best in the trenches?, in: <http://www.bbc.co.uk/guides/zw6gq6f>, geraadpleegd op 17/02/2015

Noten – Notes

1 Paddock R.E., *World War I and Propaganda*, Brill, Leiden – Boston, 2014, pp. 8-11

2 Van Damme P., *Vriend over vijand, de Grote Oorlog in spotprenten*, Lannoo, Tielt, 2013, p.5

3 Paddock R.E., *World War I and Propaganda*, Brill, Leiden – Boston, 2014, pp. 8-11

4 Best B., *Reporting from the front, war reporters during the Great War*, Pen & Sword Military, Barnsley, 2014, pp. 49-53

5 Hadley F. en Pegler M., *Posters of the Great War*, Pen & Sword Military, Barnsley, 2013, p. 9

6 Chielens P., Decoodt H. e.a., *Dead.Lines, oorlog, media en propaganda in de 20e eeuw*, Ludion, Gent-Amsterdam, 2002, pp. 23-24

7 Some British Army statistics of the Great War, in: < http://www.1914-1918.net/faq.htm>, geraadpleegd op 28/01/2015

8 Hadley F. en Pegler M., *Posters of the Great War*, Pen & Sword Military, Barnsley, 2013, pp. 23-24

9 Hadley F. en Pegler M., *Posters of the Great War*, Pen & Sword Military, Barnsley, 2013, pp. 23-24

10 Hadley F. en Pegler M., *Posters of the Great War*, Pen & Sword Military, Barnsley, 2013, pp. 47-48

11 Kitchener: The most famous pointing finger in: <http://www.bbc.com/news/magazine-28642846>, geraadpleegd op 17/02/2015

12 Yammine B., Van liberaalste land tot Pruistische politiestaat, in *de Oorlogskranten, Een nieuwe gouverneur, Von Bissing en het Duitse bezettingsbestuur in België, deel 8*, Cegesoma, Zellik, 2014

13 Yammine B., Van liberaalste land tot Pruistische politiestaat, in *de Oorlogskranten, Een nieuwe gouverneur, Von Bissing en het Duitse bezettingsbestuur in België, deel 8*, Cegesoma, Zellik, 2014

14 Vandenbogaerde S., *Een kijk op de administratiefrechtelijke organisatie van het 'Etappengebied' tijden de Eerste Wereldoorlog*, Masterproef, UGent, Gent, 2009-2010, p.7

15 De Schaepdrijver S., De Groote Oorlog, het Koninkrijk België tijdens de Eerste Wereldoorlog, Atlas, Antwerpen, 1997, p. 142

16 De Schaepdrijver S., De Groote Oorlog, het Koninkrijk België tijdens de Eerste Wereldoorlog, Atlas, Antwerpen, 1997, pp. 118-120

17 De Schaepdrijver S., De Groote Oorlog, het Koninkrijk België tijdens de Eerste Wereldoorlog, Atlas, Antwerpen, 1997, pp. 216-217

18 Het dagelijkse leven tijdens de Eerste Wereldoorlog, in <http://www.vlaanderen.be/int/sites/iv.devlh.vlaanderen.be.int/files/documenten/Verslag%20workshop%20dagelijks%20leven%20tijdens%20wo1.pdf>, geraadpleegd op 09/02/2015

19 De Schaepdrijver S., De Groote Oorlog, het Koninkrijk België tijdens de Eerste Wereldoorlog, Atlas, Antwerpen, 1997, p. 217

20 Best B., *Reporting from the front, war reporters during the Great War*, Pen & Sword Military, Barnsley, 2014, flaptekst

21 Chielens P., Decoodt H. e.a., *Dead.Lines, oorlog, media en propaganda in de 20e eeuw*, Ludion, Gent-Amsterdam, 2002, p. 12

22 Chielens P., Decoodt H. e.a., *Dead.Lines, oorlog, media en propaganda in de 20e eeuw*, Ludion, Gent-Amsterdam, 2002, p. 32

23 Best B., *Reporting from the front, war reporters during the Great War*, Pen & Sword Military, Barnsley, 2014, p. 42

24 Best B., *Reporting from the front, war reporters during the Great War*, Pen & Sword Military, Barnsley, 2014, p. 48

25 Yammine B., Kranten als verboden vruchten, clandestiene pers floreert onder strenge Duitse censuur, in *de Oorlogskranten, Februari 1915 Strijden met de pen, de Belgische pers verscheurd, deel 9*, Cegesoma, Zellik, 2014

26 Chielens P., Decoodt H. e.a., *Dead.Lines, oorlog, media en propaganda in de 20e eeuw*, Ludion, Gent-Amsterdam, 2002, p. 12-14

27 Barton P., *De slagvelden van Wereldoorlog I, van Ieper tot Passendale: het hele verhaal*, Lannoo, Tielt, 2008, pp. 45-51

28 Jander T. en Didczuneit V., *Netze des Krieges, Kommunikation 1914-1918*, Museumsteftung Post und Telekommunikation, Mathias Lempertz GmbH, Königswinter, pp. 111-118

29 Chielens P., Decoodt H. e.a., *Dead.Lines, oorlog, media en propaganda in de 20e eeuw*, Ludion, Gent-Amsterdam, 2002, p. 14-17

30 Chielens P., Decoodt H. e.a., *Dead.Lines, oorlog, media en propaganda in de 20e eeuw*, Ludion, Gent-Amsterdam, 2002, p. 23

31 Bulthe G., *De Vlaamse loopgravenpers tijdens de Eerste Wereldoorlog, Koninklijk Museum van het Leger en van Krijgsgeschiedenis*, Brussel, 1971, p.5

32 Bulthe G., *De Vlaamse loopgravenpers tijdens de Eerste Wereldoorlog, Koninklijk Museum van het Leger en van Krijgsgeschiedenis*, Brussel, 1971, pp. 105-110

33 Bulthe G., *De Vlaamse loopgravenpers tijdens de Eerste Wereldoorlog, Koninklijk Museum van het Leger en van Krijgsgeschiedenis*, Brussel, 1971, pp. 24-35

34 Bulthe G., *De Vlaamse loopgravenpers tijdens de Eerste Wereldoorlog, Koninklijk Museum van het Leger en van Krijgsgeschiedenis*, Brussel, 1971, pp. 35-40

35 Bulthe G., *De Vlaamse loopgravenpers tijdens de Eerste Wereldoorlog, Koninklijk Museum van het Leger en van Krijgsgeschiedenis*, Brussel, 1971, pp. 22-23

36 Bulthe G., *De Vlaamse loopgravenpers tijdens de Eerste Wereldoorlog, Koninklijk Museum van het Leger en van Krijgsgeschiedenis*, Brussel, 1971, pp. 74-76

37 Best B., *Reporting from the front, war reporters during the Great War*, Pen & Sword Military, Barnsley, 2014, p. 10

38 Bulthe G., *De Vlaamse loopgravenpers tijdens de Eerste Wereldoorlog, Koninklijk Museum van het Leger en van Krijgsgeschiedenis*, Brussel, 1971, p.10

39 Hislop I. en Brown M., *The Wipers Times, the complete series of the famous wartime trench newspaper*, Little Books Ltd, Londen, 2006, pp. ix-x

40 Barton P., *De slagvelden van Wereldoorlog I, van Ieper tot Passendale: het hele verhaal*, Lannoo, Tielt, 2008, pp. 45-51

41 Barton P., *De slagvelden van Wereldoorlog I, van Ieper tot Passendale: het hele verhaal*, Lannoo, Tielt, 2008, pp. 52-59

42 Stichelbaut B. en Chielens P., *De oorlog vanuit de lucht, 1914-1918 het front in België*, Mercatorfonds, Brussel, 2013, pp. 21-31

43 Hadley F. en Pegler M., *Posters of the Great War*, Pen & Sword Military, Barnsley, 2013, pp. 129-130

44 Chielens P., Decoodt H. e.a., *Dead.Lines, oorlog, media en propaganda in de 20e eeuw*, Ludion, Gent-Amsterdam, 2002, p. 35

45 Hadley F. en Pegler M., *Posters of the Great War*, Pen & Sword Military, Barnsley, 2013, pp. 129-130

46 Barton P., *De slagvelden van Wereldoorlog I, van Ieper tot Passendale: het hele verhaal*, Lannoo, Tielt, 2008, p. 14

47 O'Keefe D., *Hurley at War, the photography and diaries of Frank Hurley in two world wars*, The Fairfax Library, Broadway, 1986, pp. 5-7

48 Jander T. en Didczuneit V., *Netze des Krieges, Kommunikation 1914-1918*, Museumsteftung Post und Telekommunikation, Mathias Lempertz GmbH, Königswinter, pp. 93-94

49 Laffin J., *World War I in postcards*, Alan Sutton, 1988, pp. 1-7

50 Wadsworth J., *Letters from the trenches, the First World War by those who were there*, Pen & Sword Military, Barnsley, 2014, p. 73

51 Laffin J., *World War I in postcards*, Alan Sutton, 1988, pp. 1-7

52 De Schaepdrijver S., *De Groote Oorlog, het Koninkrijk België tijdens de Eerste Wereldoorlog*, Atlas, Antwerpen, 1997, p. 117

53 Jander T. en Didczuneit V., *Netze des Krieges, Kommunikation 1914-1918*, Museumsteftung Post und Telekommunikation, Mathias Lempertz GmbH, Königswinter, pp. 93-102

54 Jander T. en Didczuneit V., *Netze des Krieges, Kommunikation 1914-1918*, Museumsteftung Post und Telekommunikation, Mathias Lempertz GmbH, Königswinter, p.96

55 Jander T. en Didczuneit V., *Netze des Krieges, Kommunikation 1914-1918*, Museumsteftung Post und Telekommunikation, Mathias Lempertz GmbH, Königswinter, p. 104

56 How did 12 million letters reach WW1 soldiers each week?, in: <http://www.bbc.co.uk/guides/zqtmyrd>, geraadpleegd op 17/02/2015

57 Van Lith H., *Ik denk altijd aan jou, prentbriefkaarten tussen front en thuisfront 1914-1918*, Aprilis, Zaltbommel, 2006, pp.7-18

58 Meire J., *De stilte van de salient, de herinnering aan de Eerste Wereldoorlog rond Ieper*, Lannoo, Tielt, 2003, p. 77

59 Wadsworth J., *Letters from the trenches, the* First *World War by those who were there*, Pen & Sword Military, Barnsley, 2014, pp. 117-118

60 Aflevering 5: postkantoor, in: <http://www.radio2.be/regio/antwerpen/wo1-in-de-provincie-antwerpen/week-7-communicatie>, geraadpleegd op 20/02/2015

61 Dieren in de Grote Oorlog, in: <http://www.klm-mra.be/cdgho/nl/pdf/dossiernl.pdf>, geraadpleegd op 27/01/2015, p. 13

62 Pigeon vs telephone: which worked best in the trenches?, in: <http://www.bbc.co.uk/guides/zw6gq6f>, geraadpleegd op 17/02/2015

63 Dieren in de Grote Oorlog, in: <http://www.klm-mra.be/cdgho/nl/pdf/dossiernl.pdf>, geraadpleegd op 27/01/2015, p. 13

64 Cooper J., *Animals in War*, Imperial War Museum, Londen, 1983, p. 75

65 Kip G. en Pierik P., *Hellehonden en ander dierenleed 1914-1915, een ode aan het dier in oorlogstijd*, Aspekt, Soesterberg, 2014, p.57

66 Ceva M.-L., Loison K. en Prévost-Bault M.-P., *La Guerre des animaux, 1914-1918*, Historial de la Grande Guerre, Péronne, 2007, p.67

67 Ceva M.-L., Loison K. en Prévost-Bault M.-P., *La Guerre des animaux, 1914-1918*, Historial de la Grande Guerre, Péronne, 2007, p.66

68 Cooper J., *Animals in War*, Imperial War Museum, Londen, 1983, p. 58

69 Monestier M., *Les animaux-soldats, histoire militaire des animaux des origines à nos jours*, Le cherche midi éditeur, Parijs, 1996, p. 53

70 Jander T. en Didczuneit V., *Netze des Krieges, Kommunikation 1914-1918*, Museumsteftung Post und Telekommunikation, Mathias Lempertz GmbH, Königswinter, 2014, p. 80

71 Dieren in de Grote Oorlog, in: <http://www.klm-mra.be/cdgho/nl/pdf/dossiernl.pdf>, geraadpleegd op 27/01/2015, p. 29-31

72 Cooper J., *Animals in War*, Imperial War Museum, Londen, 1983, p. 76

73 Cooper J., *Animals in War*, Imperial War Museum, Londen, 1983, p. 75

74 Kip G. en Pierik P., *Hellehonden en ander dierenleed 1914-1915, een ode aan het dier in oorlogstijd*, Aspekt, Soesterberg, 2014, p.57

75 Sheffield G., *De Eerste Wereldoorlog herdacht*, Carlton Books Limited, Londen, 2013, pp.114-115

76 Jander T. en Didczuneit V., *Netze des Krieges, Kommunikation 1914-1918*, Museumsteftung Post und Telekommunikation, Mathias Lempertz GmbH, Königswinter, 2014, pp. 15-28

77 Pigeon vs telephone: which worked best in the trenches?, in: <http://www.bbc.co.uk/guides/zw6gq6f>, geraadpleegd op 17/02/2015

78 Pigeon vs telephone: which worked best in the trenches?, in: <http://www.bbc.co.uk/guides/zw6gq6f>, geraadpleegd op 17/02/2015

79 Jander T. en Didczuneit V., *Netze des Krieges, Kommunikation 1914-1918*, Museumsteftung Post und Telekommunikation, Mathias Lempertz GmbH, Königswinter, 2014, p. 40

80 Jander T. en Didczuneit V., *Netze des Krieges, Kommunikation 1914-1918*, Museumsteftung Post und Telekommunikation, Mathias Lempertz GmbH, Königswinter, 2014, pp. 51-58

81 Jander T. en Didczuneit V., *Netze des Krieges, Kommunikation 1914-1918*, Museumsteftung Post und Telekommunikation, Mathias Lempertz GmbH, Königswinter, 2014, pp.43-49

82 Jander T. en Didczuneit V., *Netze des Krieges, Kommunikation 1914-1918*, Museumsteftung Post und Telekommunikation, Mathias Lempertz GmbH, Königswinter, 2014, pp. 83-91

83 Ferris J., *The British Army and signals intelligence during the first world war*, Army Records Society, Stroud, 1992, pp.4-5

84 Jander T. en Didczuneit V., *Netze des Krieges, Kommunikation 1914-1918*, Museumsteftung Post und Telekommunikation, Mathias Lempertz GmbH, Königswinter, 2014, pp. 83-91

85 Ingelbrecht L., *cursus Militair-strategisch belang van het landschap*, MMP1917, Zonnebeke, 2014, p. 40

86 Boghardt T., *Spies of the Kaiser: German covert operations in Great Britain during the First World War*, Palgrave Macmillan, Basingstoke, 1997, pp. 97-104

87 Vandenbussche S., *Vrouwen in de Groote Oorlog*, Stefaan Vandenbussche, s.l., 2008, pp. 17-19

88 Jander T. en Didczuneit V., *Netze des Krieges, Kommunikation 1914-1918*, Museumsteftung Post und Telekommunikation, Mathias Lempertz GmbH, Königswinter, 2014, p. 91

89 Lassieur A., *The Choctaw Nation*, Capstone Press, Minnesota, 2001, p.6